建筑隔震技术 100 问

张　忠　钟守平　编著

中国建筑工业出版社

图书在版编目(CIP)数据

建筑隔震技术100问/张忠,钟守平编著.—北京:
中国建筑工业出版社,2022.7
ISBN 978-7-112-27352-2

Ⅰ.①建… Ⅱ.①张… ②钟… Ⅲ.①隔震-建筑结
构-结构设计-问题解答 Ⅳ.①TU352.12-44

中国版本图书馆CIP数据核字(2022)第069620号

    2014年,住房城乡建设部《关于房屋建筑工程推广应用减隔震技术的若干意见(暂行)》(建质〔2014〕25号文件)一经发布,全国范围内陆续展开隔、减震技术在具体工程中的推广和应用工作。2021年4月27日,由广州大学和中国建筑标准设计研究院牵头主编的国家标准《建筑隔震设计标准》GB/T 51408—2021在历时七年的不断完善后,获得批准,出版并发行。2021年9月1日起,《建设工程抗震管理条例》国务院令第744号与《建筑隔震设计标准》GB/T 51408—2021同时实施,此外2022年1月1日起实施的《建筑与市政工程抗震通用规范》GB 55002—2021也明确了隔减震技术在建筑工程中的应用要求,以上各标准及政策的先后实施,必定会将隔震技术在建筑工程中的运用推上一个新的高度。

    如今隔震技术已陆续在全国多地的建筑工程中得以逐步应用和推广,相关科研、设计、施工、检测等单位,也在隔震建筑工程的实践中不断积累、总结建筑隔震技术的运用经验。

    在此背景下,本书以建筑隔震史开篇,从隔震概念入手,通过对隔震原理的理解和分析,结合隔震产品种类、隔震装置及配套产品的作用,以及对隔震建筑的工作机理做一个由浅入深的设问解答,继而引出建筑隔震设计、施工、检测以及后续保养、维护等一系列专业技术问题,并对其进行梳理,助力隔震项目的相关工程技术和管理人员更进一步了解和掌握该项技术,使隔震技术在建筑工程中的应用更加有效、广泛和成熟。

    为了便于读者理解掌握相关隔震技术要点及背景,本书将与问题相关的国家法规、规范、标准等条文逐一列在问答之后,"●"表示国家法规、规范、标准以及行业标准等,加粗黑体字为强制性条文;"☆"表示提示和延伸内容,供读者参考。

    本书可供从事建筑工程和防震减灾工程研究、设计、施工的工程技术人员参考,也可作为上述专业的研究生和高年级本科生的学习参考书。

责任编辑:高　悦　范业庶
责任校对:张　颖

建筑隔震技术100问
张　忠　钟守平　编著
＊
中国建筑工业出版社出版、发行(北京海淀三里河路9号)
各地新华书店、建筑书店经销
唐山龙达图文制作有限公司制版
廊坊市海涛印刷有限公司印刷
＊
开本:787毫米×1092毫米　1/16　印张:15¼　字数:370千字
2022年8月第一版　　2022年8月第一次印刷
定价:45.00元
ISBN 978-7-112-27352-2
(39525)

序

　　十多年来，在各级政府建设主管部门的支持下，建筑隔震理论和技术在我国得到了快速发展，并在建筑工程中逐步推广应用，积累了经验，对地震区各类建筑防震减灾起着积极作用。当前，工程技术人员迫切需要学习这项技术，便于指导工作。由张忠和钟守平编著的《建筑隔震技术100问》一书总结了建筑隔震的技术要点，收集了许多工程实例，进行归纳总结，以问答条目的形式简要介绍了诸多知识点，包括：国内外发展概况，基础隔震和层间隔震的基本原理，用于新建和既有建筑加固的特点，用于砌体和混凝土结构的不同要求，不同隔震产品，如：橡胶隔震垫、摩擦摆、弹性滑板支座、高阻尼支座的性能和参数指标。工程技术人员所关心的隔震计算方法和设计要点及有关的标准规范，如：适用的建筑高度、高宽比、性能目标、构造（隔震沟、隔震缝、后浇带、设备和管线）、场地、液化、隔震支座布置原则、隔震元件的参数（减震系数、阻尼比、恢复力）等，也在书中一一作答。

　　本书基于我国建筑隔震技术发展和工程实践经验，简明扼要地列出问题和解决办法，可作为工程技术人员的工作手册使用，亦是一本可供学习的教材。

中国建筑科学研究院

2021 年 10 月 13 日

前　言

地震、水灾、风灾和火灾都是威胁人类生存和发展的主要自然灾害，在人类几千年的历史中，它们频频发难，不断、反复地摧毁着人类创造的财富和文明，甚至吞噬着宝贵的生命。在这些自然灾害当中，地震有其独特的、其他自然灾害所不具有的特点，至今人类仍无法完全揭示地震的发震机理，更无法预测地震的发生，它在极短的时间内，释放出巨大能量，造成的破坏影响范围广泛，且容易引发次生灾害。

在科学技术日益发达的今天，建筑工程抗震技术也仅仅只走过了百年，在抵御地震灾害方面，科学家和工程师们，一直不断地从各种实际震害中汲取着经验和教训，其中隔震技术在建筑中的应用，为减少地震损伤、减轻地震影响，甚至在地震发生过程中保持建筑功能的不中断，带来了一种不同于传统抗震技术的体验。

2016 年 7 月 28 日，唐山大地震 40 年之际，习近平主席首次提出了努力实现从注重灾后救助向注重灾前预防转变，从减少灾害损失向减轻灾害风险转变的防震减灾新思想；2018 年 5 月 12 日，在汶川地震十周年国际研讨会暨第四届大陆地震国际研讨会，习近平主席又再次提出，中国将坚持以人民为中心的发展理念，坚持以防为主、防灾抗灾救灾相结合，全面提升综合防灾能力，为人民生命财产安全提供坚实保障的防震减灾新目标。

隔震技术在建筑领域的运用和推广，就是践行和贯彻从注重灾后救助，向注重灾前预防的转变，就是坚持以防为主、防灾抗灾救灾相结合的原则，就是全面提升综合防灾能力的落实，就是实现为人民生命财产安全提供坚实保障的防震减灾目标。

如何运用好隔震技术，对建筑工程界，以及社会大众都是一个课题，无论从设计、施工、检测，还是建筑隔震的后续维护、使用，都有许多工作要做，希望通过该书，为大家了解隔震知识和应用建筑隔震技术提供些许帮助与启示。

本书在编写过程中，参阅了国内外众多学者、专家的著作、论文和研究报告，在本书的附录参考文献中列出，特在此对各位作者表示衷心的感谢！

对董昆专家的校对工作表示衷心的感谢；对叶坤祥同学协助进行资料收集和书稿录入工作，以及朱兆群、侯长哲同事的文稿整理工作，在此一并表示感谢！

对王亚勇大师百忙中的赐教和施序以及曾德民教授的指点及后记，表示衷心的感谢！

鉴于作者水平有限，书中难免有疏漏及错误之处，衷心希望有关专家、学者和读者批评指正。

邮箱：850960602@qq.com

2021 年 9 月 30 日

4

目　　录

1

什么是隔震建筑？ 隔震建筑的基本原理是什么？

　　答：隔震建筑是指在建筑的某些部位（一般在基础或地下室顶）设置水平、竖向隔离缝，形成隔震层，将建筑分成上、下两部分，在隔震层安装隔震垫、阻尼器、限位器等隔震装置，以阻滞地震能量向上部结构的传播，降低上部建筑结构地震响应的建筑。

　　隔震建筑的基本原理，就是通过设置相关设施，使隔震层以上结构周期延长、阻尼增大，从而减小上部结构的地震作用效应。

　　从字面上来理解，隔震即隔离地震。隔震建筑的出现源于减小地震对建筑物及其内部人员、物品造成的影响和损伤。隔震技术区别于传统的抗震技术，对比通过采用增强建筑主体材料强度与韧性的方式，来抵御地震的传统抗震建筑，隔震技术的采用可以更好地保护建筑主体和围护结构，能更准确地控制地震对建筑物的影响和损伤，可以使震后建筑功能尽快恢复，甚至可以达到在地震发生时的功能不中断。

　　地震对建筑物的破坏，主要是由地震动带给建筑物的加速度和速度形成的地震作用及振动所致。为抵抗这种作用，普通的抗震建筑采用以刚克刚的方式，除通过结构弹性能、阻尼耗能外，还需通过部分结构构件产生无法恢复的屈服变形消耗地震能量，该种方式会一定程度放大地震加速度，导致建筑物在地震作用下摇晃剧烈，不但会使其内部设备及装修设备等无法正常运转甚至损坏，当地震作用增大到一定程度，还会造成建筑围护结构及主体发生明显的破坏，直至建筑倒塌，危及人身安全；隔震建筑是采用以柔克刚的方式，通过隔震支座吸收耗散地震能量，阻止并减轻地震能量向上部结构传递，使整个建筑的自振周期有所延长，降低加速度响应，降低地震剪力，从而有效地减弱地震对建筑物的破坏，该种方式可以有效地减小地震加速度，上部结构整体随隔震层移动，其位移变化缓慢接近刚体平动，结构的层间位移变化小，上部结构可保持弹性状态，内部设备及装修设备等基本完好（图 1-1）。

　　隔震结构的减震机理：

　　1. 周期延长作用：通过延长结构的自振周期，使地震影响系数减小，从而削弱建筑的地震作用效应（图 1-2）。

　　2. 附加阻尼作用：通过增大结构的阻尼，使地震反应谱曲线下移，从而降低地震作用（图 1-3）。

　　隔震建筑从构想开始，各种各样的隔震形式发展至今，以叠层橡胶隔震支座技术相对成熟且最为普及。叠层橡胶具有很好的水平复位性能，在地震时水平方向容易产生变形，

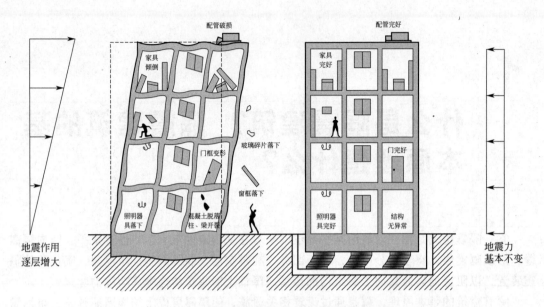

图 1-1 非隔震建筑与隔震建筑震后对比示意图

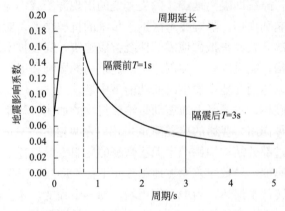

图 1-2 结构自振周期延长作用（以 8 度 0.2g 地震响应为例）

地震发生后可恢复至原来位置，同时在叠层橡胶之间插入钢板，又使其具有了很大的竖向刚度，足以承受上部结构的重量，橡胶加钢板的组合除了可以有效地控制垂直方向变形外，又可以在水平方向保持只有橡胶时相同的柔度。采用叠层橡胶隔震支座的隔震建筑就是利用橡胶这一特性，隔离地震作用传输至上部结构的。

目前隔震支座类型日趋丰富，各有其减震机理，但相对于隔震建筑而言，都具有相同的目的：通过这些隔震支座将上部结构与下部结构隔离，利用隔震支座吸收耗散地震能量，阻止并减轻地震能量向上部结构传递，使整个建筑的自振周期有所延长，降低加速度响应，降低地震剪力，弱化地震反应。

● 《建筑抗震设计规范》GB 50011—2010（2016 年版）

12.1.1 ……

注 1 本章隔震设计指在房屋基础、底部或下部结构与上部结构之间设置由橡胶隔震支座

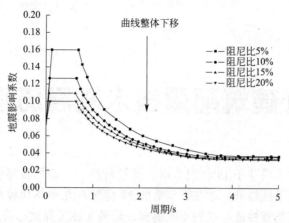

图 1-3 附加结构阻尼作用（以 8 度 0.2g 地震响应为例）

和阻尼装置等部件组成具有整体复位功能的隔震层，以延长整个结构体系的自振周期，减少输入上部结构的水平地震作用，达到预期防震要求。

● 《建筑隔震设计标准》 GB/T 51408—2021

2.1.1　隔震建筑　seismically isolated building

为降低地震响应，在结构中设置隔震层而实现隔震功能的建筑，包括上部结构、隔震层、下部结构和基础。

☆　提示

地震响应的楼面加速度越来越受到关注，是对建筑抗震性能要求不断提高的反映，隔、减震技术的运用，是解决该问题的一种有效手段，"隔震结构是实现高性能抗震结构最好的选择"[1-1]。

参考文献：

[1-1] 日本建筑学会. 隔震结构设计指南 [M]. 刘文光译. 北京：地震出版社，2005.

2 国外建筑隔震技术发展历程如何？

答：现代隔震技术萌芽于 **19** 世纪末期，历经材料、设备的日臻完善，和建筑结构设计方法、分析能力的不断提升，才在百年后的 **20** 世纪八九十年代较成熟地运用于建筑工程。随着人们对建筑抗震性能要求的不断提高，近期才在世界掀起研发和推广隔震技术的热潮，使其得到迅速发展并走向成熟。美国、欧洲国家、日本等已在桥梁、建筑等实际工程中使用了隔震技术并颁布了与建筑隔震技术相关的标准、规范。第一座采用现今运用最广的铅芯橡胶隔震垫建造隔震建筑是于 **1981** 年完工的新西兰威廉克莱顿大楼；至今隔震技术仍在世界各地不断的运用和发展。

随着城市的建立和人口的集中，地震给人类带来的伤害越来越触目惊心，如何抵御地震，房屋既然无法像《飞屋环游记》那样脱离地球（图 2-1），人类不禁想到了在房屋与地面的结合面上打主意。从 19 世纪 80 年代隔震概念萌芽开始，到 20 世纪 50 年代，各国学者以"隔离地震作用效应"为相同的出发点，先后尝试并实施了多种隔震方式：1870 年，加利福尼亚州旧金山市的 Jules Touaillon 提出一种改进建筑物的建造方法，并获得专利[2-1]，被广泛认为是隔震概念的萌芽（图 2-2）；1881 年，日本学者河合浩藏提出基础隔震概念：先在地基上纵横交错放置几层圆木，在圆木上做混凝土基础并建造房屋，以圆木的滚动来削弱地震能量[2-2]。

图 2-1 飞屋环游记

图 2-2 Jules Touaillon 专利示意图

进入 20 世纪后，德国、英国、新西兰等诸多学者陆续开始系统研究隔震技术，并有类似现代隔震技术的建筑建成。1909 年，来自英国 Scarborough 和 J. A. Calantarients 也申请了一项有关抗震设计方法的专利，该专利建议将建筑物与其基础用一层沙子分开[2-3]；1924 年，日本学者提出了在建筑物与地基之间加设轴承的方案[2-4]；1929 年，美国人 Martel 提出柔性层结构隔震的概念[2-5] 等，隔震的概念已慢慢在工程界引起重视。

被认为现代隔震技术的首次应用，是美国工程师 Frank Lloyd Wright 于 1921 年设计的日本东京帝国酒店（图 2-3）。该酒店将基础持力土层下 18～22m 厚的软泥层视为一个缓解地震冲击的"良好缓冲垫"（利用软泥层作为隔震层），帝国酒店在 1923 年关东大地震的考验下保持完好。

图 2-3　日本东京帝国酒店

随后，来自新西兰的 RW. de Montalk 提出一种能吸收或最小化由地震或振动对建筑物产生的冲击的方法。RW. de Montalk 解释到"这项发明包括一种基础，称之为 severer。该基础设置在建筑物的底部和地基之间，是由能吸收或最小化冲击的材料组成的，从而能保护建筑物"[2-6]，扩展了现代隔震实践中能量耗散的概念。

1966 年诞生了世界第一幢使用天然橡胶支座进行地面低频振动隔离的建筑——伦敦地铁站上方的公寓楼[2-7]。同期，新西兰 R. Ivan Skinner 开展了重要的工程实践[2-8]。基础（剪切）隔震中的开创性发展最初是由一座高耸的南朗伊特基铁路桥（South Rangitikei Rail Bridge）设计推动的，这是现代摇摆隔震技术的首次应用，同时也是隔震技术发展史上的一个里程碑，促进了建筑物基础隔震由支座和特殊黏滞阻尼装置组成这一系统的开发。

1976 年，美国第一栋基础隔震建筑——Foothill 社区法律和司法中心（FCLJC）落成，该建筑是世界上第一幢使用高阻尼天然橡胶制成的隔震支座的建筑[2-9]。William Clayton Building 办公楼于 1981 年在新西兰建成，是第一座采用现今被广泛运用的铅芯橡胶隔震建造的基础隔离建筑[2-10]。2003 年日本落成的 136.8m 的大阪楠叶塔楼城，是很长一段时间内采用基础隔震技术的最高建筑物。

目前隔震技术仍处在不断研究探索和大力发展的阶段，日本、新西兰（图 2-7）等多震国家的隔震技术研究处于世界领先水平。日本是世界上最重视抗震设计的国家之一，特别是 1995 年阪神大地震后，由于隔、减震建筑的突出表现，政府大力推广建筑隔震技术，已普及应用至普通住宅建筑。为规范和指导隔震技术的使用，1989 年日本建筑学会颁布了《免震构造设计指针》（图 2-4）；1997 年美国颁布了包含隔震设计要求的 Uniform Building Code 1997（图 2-5），2000 年美国颁布了包含隔震设计要求 2000 International Building Code（图 2-6），这些规范、标准的出现促进了这些国家的隔震技术的运用与发展。

图 2-4 《免震构造设计指针》1989（日本）

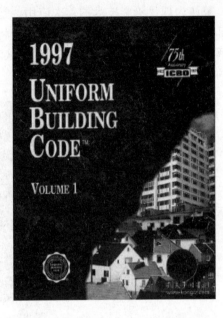

图 2-5 Uniform Building Code 1997（美国）

图 2-6 International Building
Code 2000（美国）

图 2-7 An Introduction to
Seismic Isolation（新西兰）译文

参考文献：

[2-1] Touaillon J. Improvement in buildings. U. S. Patent No. 99. 973，1870.

[2-2] 武田寿一. 建筑物隔震防振与控振 [M]. 纪晓惠，陈良，鄢宁译. 北京：中国建筑工业出版社，1997.

[2-3] Calantarients JA. Improvements in and connected with building and other works and appurtenances to resist the action of earthquakes and the like. paper No. 325371，Stanford University，Stanford，California，1909.

[2-4] 曲哲，中泽俊幸. 建筑隔震技术在日本的发展与应用 [J]. 城市与减灾，2016（05）：56-63.

[2-5] Martel R R. The effects of earthquakes on buildings with a flexible first story [J]. Bulletin of the seismological Society of America，1929，19（3）：53-60.

[2-6] De Montalk RW. Shock absorbing or minimizing means for buildings. U. S. Patent No. 1，847，820，1932.

[2-7] Gent AN，Lindley PB. The compression of bonded rubber blocks. Proc Inst Mech Eng. 1959；173：(1) 111-122 .

[2-8] Beck JL，Skinner RI. The seismic response of a reinforced concrete bridge pier designed to step. Earthq Eng Struct Dyn. 1973；2（4）：343-358.

[2-9] Derham CJ，Eidinger JM，Kelly JM，Thomas AG. Natural rubber foundation bearings for earthquake protection-experimental results. Natural Rubber Tech. 1977；8（3）：41-61.

[2-10] W H Robinson. Seismic isolation of civil buildings in New Zealand [J]. Progress in Structural Engineering and Materials，2000，2（3）：328-334.

3 我国建筑隔震技术发展历程如何？

答：我国现代隔震技术研究始于 1976 年唐山大地震的震害调查之后，包括砂垫层滑移隔震、石墨砂浆隔震等，是我国科研工作者对隔震技术初期的探索和尝试；到 20 世纪 90 年代，从理论研究到工程实践，隔震技术均得到较快发展，1993 年我国第一幢夹层橡胶隔震建筑在广东汕头落成；2002 年 1 月 1 日实施的《建筑抗震设计规范》GB 50011—2001 将隔震技术纳入，进一步推了建筑隔震的工程应用；2014 年，住房城乡建设部《关于房屋建筑工程推广应用减隔震技术的若干意见（暂行）》（建质〔2014〕25 号文件）发布后，隔、减震技术在国内的发展进入了快车道。如今，据不完全统计，我国已建成的隔震建筑超万幢，数目已居世界前列。

我国隔震技术起步较晚，相关研究大概是从 1976 年我国唐山的 7.8 级地震之后逐步开展。唐山大地震后，人们发现在被毁的废墟中有两栋 4 层砖楼屹立未倒，仅沿地面滑动了 0.4m，原因是砖楼墙下一层柔软的防水油毛毡让大楼逃过一劫。学者周福霖在一项隔震房屋地震震动台模拟试验中发现，隔震的房屋比不隔震的房屋承受动荷载而不被破坏的能力强很多。由此隔震技术研究在国内开始得到重视，当时的研究重点集中在摩擦滑移隔震结构，这是由于滑移摩擦隔震元件价格相对较低，适合当时国情。

20 世纪 80 年代后期，在国家自然科学基金会等资助下，中国建筑科学研究院、广州大学、华中科技大学等学术带头人开始重点关注建筑隔震技术，以橡胶支座的隔震技术为主，进行了橡胶隔震支座的系统研究开发，包括产品研发制造、隔震结构分析、设计方法、振动台试验、产品性能检验、施工、检测等全方位工作。

20 世纪 90 年代后，我国的隔震技术研究逐步趋于活跃。国内学者陆续进行了相关学术研究并进行试验。1993 年，华中理工大学唐家祥等对橡胶支座隔震元件和体系进行了系统的研究，率先开发了橡胶支座产品，并于 1993 年编著出版了第一部建筑隔震专著《建筑结构基础隔震》[3-1]。橡胶支座隔震建筑开始在个别高烈度地区做试点；1993 年，华南建设学院西院周福霖教授在广东汕头市建成我国第一栋橡胶支座的 8 层隔震住宅，这也是当时世界最高的隔震住宅楼，联合国工业发展组织权威专家将这栋隔震住宅楼誉为"世界建筑隔震技术发展的第三个里程碑"，在次年台湾海峡 6.4 级地震中，这栋住宅没有任何损坏。1994 年，在大理市建成了第二栋隔震建筑，这栋隔震建筑经受住了 1995 年云南武定 6.5 级地震的考验。1995～1997 年，周福霖编著出版了《工程结构减震控制》[3-2] 一书，对隔震结构进行了全面的介绍。2000 年，在新疆乌鲁木齐石化厂区建成了占地面积为 13 万 m² 的隔震住宅楼群（共 38 栋），该楼群成为当年世界上最大隔震住宅楼群（图 3-1）。

图 3-1　新疆乌鲁木齐石化厂区隔震住宅群

　　2001 年,建筑隔震与消能减震技术被纳入国家标准《建筑抗震设计规范》GB 50011—2001,标志着隔震消能技术在我国发展成熟。2008 年汶川地震后新修订的《防震减灾法》中,增加"第四十三条 国家鼓励、支持研究开发和推广使用符合抗震设防要求、经济实用的新技术、新工艺、新材料";2010 年新版的《建筑抗震设计规范》GB 50011—2010 对隔震技术的适用范围做了较大调整,取消了对减隔震设计的诸多限制,规范提倡在"抗震安全性和使用功能有较高要求或专门要求的建筑"中使用减隔震技术,推动了隔震技术向前发展。2014 年 2 月,住房城乡建设部发布《关于房屋建筑工程推广应用减隔震技术的若干意见(暂行)》建质〔2014〕25 号文件,进一步加大了建筑减隔震技术的应用推广力度,运用隔震技术的项目数逐年提高(图 3-2)。2021 年 4 月,住房城乡建设部发布了国家标准《建筑隔震设计标准》GB/T 51408—2021,该标准对隔震建筑的基本设防目标提出了更高的要求,进一步提高隔震建筑的地震安全性,使隔震技术上升到一个新的台阶,同时颁布的《建设工程抗震管理条例》国务院令第 744 号,针对隔震运用明确提出了更高的要求。至此,我国在法规、政策、标准以及技术措施方面,都对建筑减隔震行

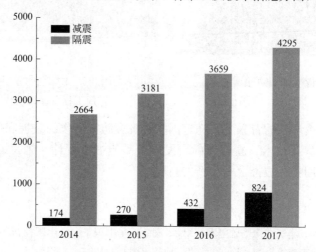

图 3-2　2014—2017 年全国累计已建成减隔震建筑工程数量统计(单位:栋)

(数据来源:前瞻产业研究院)

业的发展形成了有力支撑，隔震技术已经初步形成了全面的发展路径和完善的发展体系，同时国内涌现出一批运用隔震技术的典型工程（图 3-3～图 3-6）。

图 3-3 福建防震减灾大楼

图 3-4 江苏宿迁苏豪银座

图 3-5 云南省设计院办公大楼

图 3-6 甘肃省古浪县人民医院
扩建工程急诊医技楼、住院楼

在隔震建筑持续增长的背景下，随着国家对抗震防灾工作的重视和技术宣传普及度的不断提高，以及隔震新技术、新材料的研发，产品质量、设计、施工、验收等全过程监管，隔震技术的运用将会被推上一个新的高度。

参考文献：

[3-1] 唐稼祥，刘再华. 建筑结构基础隔震 [M]. 湖北：华中理工大学出版社，1993.
[3-2] 周福霖. 工程结构减震控制 [M]. 北京：地震出版社，1997.

4

采用隔震技术的建筑是否比普通建筑抗震更安全？

答：是！从隔震建筑设计的抗震设防目标，以及经历实际地震的隔震建筑和非隔震建筑震害对比，可以得到采用隔震技术的建筑比普通抗震建筑更安全这个答案。

从隔震建筑设计的抗震设防目标，以及经历实际地震的隔震建筑和非隔震建筑震害对比，采用隔震技术的建筑比普通抗震建筑更安全。

国家有关条例、通则、规范、标准均显示，隔震建筑的抗震设防性能目标高于普通抗震建筑，《建筑抗震设计规范》GB 50011—2010（2016 年版）的抗震设防性能目标为"小震不坏、中震可修、大震不倒"，2021 年出台的《建筑隔震设计标准》GB/T 51408—2021 抗震设防性能目标为"中震不坏、大震可修、极大震不倒"，隔震建筑的上部结构在通过隔震层大幅降低水平地震作用的同时，尚仍具有一定安全储备，所以我们对隔震建筑的安全性有足够的信心。

对比经历了地震考验的隔震建筑与非隔震建筑的震害，结果显示采用了隔震支座的建筑震后保持基本完好，建筑功能在震后快速恢复，甚至在发震时功能不中断，抗震性能较非隔震建筑有明显提高。

实例 1：1994 年洛杉矶 6.7 级地震中，该地区有近 40 座医院遭到严重破坏而不能使用。南加州大学医院为隔震建筑，地震中无人员伤亡，各种设备未损坏，医院功能得到维持，成为救灾中心，对震后紧急救援起到了十分重要的作用[4-1]。

实例 2：1995 年日本阪神 7.2 级地震中，有 2 幢隔震结构建筑取得了地震观测记录。西部邮政大楼建筑面积 $46000m^2$，6 层，是日本最大的隔震建筑。地震记录观测地面 1 层水平方向的最大加速度只有基础的 $\frac{1}{4} \sim \frac{1}{3}$，该建筑震后完好，设备无损，在救灾中发挥了较大作用，隔震效果得到了充分发挥[4-2]。

实例 3：建成于 2006 年的采用了隔震技术的日本石卷红十字医院，在 2011 年 9.0 级东日本大地震中，展示了隔震技术的优异性能。该隔震建筑位于震灾中心区，震后，上部结构基本完好无损，不但成为救灾中心收治了大量伤员，还成为其他救援队伍和组织的临时聚集点，充分发挥了应急救灾的作用[4-2]。

实例 4：2013 年四川芦山县 7 级地震，芦山县人民医院门诊楼为隔震建筑，震后结构基本完好，设备正常使用，在抗震救灾中发挥重要作用（图 4-1、图 4-2）。医院其他建筑破坏严重，甚至影响使用。芦山县人民医院门诊楼已然成为"楼坚强"的代言人[4-3]。

实例 5：昆明新机场隔震航站楼，该机场隔震建筑面积 50 万 m²，是目前世界最大的单体隔震建筑。2015 年云南嵩明 4.5 级地震，该建筑楼面加速度反应仅为地面加速度反应的 1/4，显示非常明显的隔震效果。

图 4-1　芦山县人民医院震后门诊楼　　　　图 4-2　芦山县人民医院震后住院楼

● 《建设工程抗震管理条例》国务院令第 744 号（国家法规）

第十六条　建筑工程根据使用功能以及在抗震救灾中的作用等因素，分为特殊设防类、重点设防类、标准设防类和适度设防类。学校、幼儿园、医院、养老机构、儿童福利机构、应急指挥中心、应急避难场所、广播电视等建筑，应当按照不低于重点设防类的要求采取抗震设防措施。

位于高烈度设防地区、地震重点监视防御区的新建学校、幼儿园、医院、养老机构、儿童福利机构、应急指挥中心、应急避难场所、广播电视等建筑应当按照国家有关规定采用隔震减震等技术，保证发生本区域设防地震时能够满足正常使用要求。

国家鼓励在除前款规定以外的建设工程中采用隔震减震等技术，提高抗震性能。

第十七条　国务院有关部门和国务院标准化行政主管部门应当依据各自职责推动隔震减震装置相关技术标准的制定，明确通用技术要求。鼓励隔震减震装置生产企业制定严于国家标准、行业标准的企业标准。

● 《建筑抗震设计规范》GB 50011—2010（2016 年版）

3.8.1　隔震与消能减震设计，可用于对抗震安全性和使用功能有较高要求或专门要求的建筑。

3.8.2　采用隔震或消能减震设计的建筑，当遭遇到本地区的多遇地震影响、设防地震影响和罕遇地震影响时，可按高于本规范第 1.0.1 条的基本设防目标进行设计。

12.1.1　本章适用于设置隔震层以隔离水平地震动的房屋隔震设计，以及设置消能部件吸收与消耗地震能量的房屋消能减震设计。

采用隔震和消能减震设计的建筑结构，应符合本规范第 3.8.1 条的规定，其抗震设防目标应符合本规范第 3.8.2 条的规定。

条文说明：

……隔震一般可使结构的水平地震加速度反应降低 60% 左右，从而消除或有效地减轻结构和非结构的地震损坏,提高建筑物及其内部设施和人员的地震安全性,增加了震后建筑物继续使用的功能。

12.1.2 建筑结构隔震设计和消能减震设计确定设计方案时,除应符合本规范第3.5.1条的规定外,尚应与采用抗震设计的方案进行对比分析。

条文说明:

隔震技术和消能减震技术的主要使用范围,是可增加投资来提高抗震安全的建筑。

进行方案比较时,需对建筑的抗震设防分类、抗震设防烈度、场地条件、使用功能及建筑、结构的方案,从安全和经济两方面进行综合分析对比。

● **《建筑隔震设计标准》GB/T 51408—2021**

1.0.1 为贯彻执行国家有关建筑工程防震减灾的法律法规,实行以预防为主的方针,使建筑采用隔震技术后,地震安全性得到进一步提高,遭遇设防地震后建筑使用功能不中断,避免人员伤亡和次生灾害,减少社会影响和经济损失,制定本标准。

1.0.3 除特殊规定外,隔震建筑的基本设防目标是:当遭受相当于本地区基本烈度的设防地震时,主体结构基本不受损坏或不需修理即可继续使用;当遭受罕遇地震时,结构可能发生损坏,经修复后可继续使用;特殊设防类建筑遭受极罕遇地震时,不致倒塌或发生危及生命的严重破坏。

● **《叠层橡胶支座隔震技术规程》CECS 126:2001**

1.0.3 按本规程设计与施工的隔震结构,当遭受低于本地区设防烈度的多遇地震时应不损坏,且不影响使用功能;当遭受本地区设防烈度的地震时,应仅产生非结构性损坏或轻微的结构损坏,一般不需修理仍可继续使用;当遭受高于本地区设防烈度的预估的罕遇地震时,应不致发生危及生命的破坏和丧失使用功能。

参考文献:

[4-1] 凌郁.浅谈基础隔震技术在建筑上应用与发展 [J].科技信息,2011 (13):341-342.

[4-2] 曲哲,中泽俊幸.建筑隔震技术在日本的发展与应用 [J].城市与减灾,2016 (05):56-63.

[4-3] 姚丹丹,梁伟,孔令林,等.隔震技术的研究与发展 [J].工程质量,2014,32 (09):79-84.

5

采用隔震技术的建筑可以达到什么样的抗震性能目标？

答：按照《建筑隔震设计标准》GB/T 51408—2021 提出的性能目标，隔震建筑已要求达到设防地震下完好、无损坏；罕遇地震下，结构可能发生损坏，经修复后可继续使用；特殊设防类建筑遭受极罕遇地震时，不致倒塌或发生危及生命的严重破坏。

《建筑抗震设计规范》GB 50011—2010（2016 年版）在"小震不坏、中震可修、大震不倒"的三水准抗震设防准则基础上，将结构构件与建筑构件及建筑附属设备区别开来，结构构件设定了四个抗震性能目标，建筑附属设备支座设定了三个抗震性能目标，旨在灵活运用各种措施，有针对性地提高抗震安全性或满足使用功能的专门要求。按《建筑抗震设计规范》GB 50011—2010（2016 年版）进行的隔震设计，实际已能部分超越"小震不坏、中震可修、大震不倒"的三水准目标，同时隔震和消能减震设计章节中提出了隔震设计可按照性能目标的要求进行性能化设计。

《建筑隔震设计标准》GB/T 51408—2021 较《建筑抗震设计规范》GB 50011—2010（2016 年版）设定了更高的设防目标："中震不坏、大震可修、极大震不倒"，且目标更加细化，为隔震建筑的结构抗震性能设计目标设定了 A、B、C、D 四个等级，将结构抗震性能分为六个水准，每一个性能目标对应一组指定地震作用下的结构抗震性能水准，不同的抗震性能水准下，结构构件的抗震承载力或整体变形根据允许进入的状态及阶段来确定。可以看出《建筑隔震设计标准》GB/T 51408—2021 立足于承载力和变形能力的综合考虑，增加了更强的针对性和灵活性，更加贴近于根据客观的设防环境和已定的设防目标，考虑具体的社会经济条件来确定工程设计时采用多大的设防参数。

如何确定结构抗震性能目标，需要根据建筑的自身特点，根据项目的重要性，并结合所在地区的设防烈度、场地条件等因素选择合适的隔震方案，有针对性地采取满足预期抗震性能目标的措施。

● **《建筑抗震设计规范》GB 50011—2010（2016 年版）**

3.8.2 采用隔震或消能减震设计的建筑，当遭遇到本地区多遇地震影响、设防地震影响和罕遇地震影响时，可按高于本规范第 1.0.1 条的基本设防目标进行设计。

条文说明：

按本规范 12 章规定进行隔震设计，还不能做到在设防烈度下上部结构不受损坏或主体结构处于弹性工作阶段的要求，但与非隔震或非消能减震建筑相比，设防目标会有所提高,大体上是:当遭受多遇地震影响时,将基本不受损坏和影响使用功能;当遭受设防地震影响时,不需修理仍可继续使用;当遭受罕遇地震影响时,将不发生危及生命安全和丧失使用价值的破坏。

3.10.3……

2……地震下可供选定的高于一般情况的预期性能目标大致归纳如下:

地震水准	性能1	性能2	性能3	性能4
多遇地震	完好	完好	完好	完好
设防地震	完好,正常使用	基本完好,检修后继续使用	轻微损坏,简单修理后继续使用	轻微至接近中等损坏,变形$<3[\Delta u_e]$
罕遇地震	基本完好,检修后继续使用	轻微至中等破坏,修复后继续使用	其破坏需加固后继续使用	接近严重破坏,大修后继续使用

12.1.6 建筑结构的隔震设计和消能减震设计,尚应符合相关专门标准的规定;也可按抗震性能目标的要求进行性能化设计。

● 《建筑隔震设计标准》GB/T 51408—2021

附录 A

A.0.1 隔震建筑抗震性能设计应分析隔震结构方案的特殊性,选用适宜的结构抗震性能目标,并采取满足预期抗震性能目标的措施。

隔震结构抗震性能目标应综合考虑抗震设防类别、设防烈度、场地条件、隔震层设置和结构的特殊性等各项因素选定。结构抗震性能目标设为 A、B、C、D 四个等级,结构抗震性能分为 1、2、3、4、5、6 六个水准(表 A.0.1),每个性能目标均与一组指定地震地面运动下的结构抗震性能水准相对应。

表 A.0.1 结构抗震性能指标

地震水准	抗震性能目标			
	A	B	C	D
设防地震	1	1	2	5
罕遇地震	1	3	4	5
极罕遇地震	3	4	5	6

A.0.2 结构抗震性能水准可按表 A.0.2 进行宏观判别。

表 A.0.2 各性能水准结构预期的震后性能状态

结构抗震性能水准	宏观损伤程度	损坏部位			继续使用的可能性
		关键构件	普通竖向构件及重要水平构件	普通水平构件	
1	完好、无损伤	无损伤	无损伤	无损伤	不需修理即可继续使用
2	基本完好	无损伤	无损伤	轻微损坏	不需修理即可继续使用
3	轻度损坏	轻微损坏	轻微损坏	轻微损坏、部分中度损坏	一般修理后可继续使用

续表

结构抗震性能水准	宏观损伤程度	损坏部位			继续使用的可能性
		关键构件	普通竖向构件及重要水平构件	普通水平构件	
4	轻-中度损坏	轻微损坏、部分轻度损坏	轻度损坏	中度损坏	修复后可继续使用
5	中度损坏	轻度损坏	部分构件中度损坏	中度损坏、部分比较严重损坏	修复或加固后可继续使用
6	比较严重损坏	中度损坏	部分构架比较严重损坏	比较严重损坏	需排险大修

☆ 对既有建筑抗震加固采用隔震技术的性能目标，《建筑隔震设计标准》GB/T 51408—2021 采用了不同于该标准新建建筑的目标，与现行《建筑抗震设计规范》GB 50011 一致，即"小震不坏、中震可修、大震不倒"。

6

哪些建筑按国家法规要求需要采用隔、减震技术？

答：根据《建设工程抗震管理条例》国务院令第 744 号，对位于高烈度设防地区、地震重点监视防御区的新建学校、幼儿园、医院、养老机构、儿童福利机构、应急指挥中心、应急避难场所、广播电视等建筑应当按照国家有关规定采用隔震减震等技术；

条例鼓励对抗震安全性和使用功能有较高要求或专门要求的建筑采用隔震减震技术。

按照 2021 年 9 月实施的《建设工程抗震管理条例》（国务院令第 744 号）要求，对位于高烈度设防地区、地震重点监视防御区的新建学校、幼儿园、医院、养老机构、儿童福利机构、应急指挥中心、应急避难场所、广播电视等建筑，应当按照国家有关规定采用隔震减震等技术，鼓励对抗震安全性和使用功能有较高要求或专门要求的建筑采用隔震减震技术。

2001 年我国在《建筑抗震设计规范》GB 50011—2001 首次增加了隔震的有关章节，鼓励房屋建筑工程中推广使用隔减震新技术。2014 年 2 月，住房城乡建设部发布《关于房屋建筑工程推广应用减隔震技术的若干意见（暂行）》建质〔2014〕25 号，要求"3. 位于抗震设防烈度 8 度（含 8 度）以上地震高烈度区、地震重点监视防御区或地震灾后重建阶段的新建 3 层（含 3 层）以上学校、幼儿园、医院等人员密集公共建筑，应优先采用减隔震技术进行设计。4. 鼓励重点设防类、特殊设防类建筑和位于抗震设防烈度 8 度（含 8 度）以上地震高烈度区的建筑采用减隔震技术。对抗震安全性或使用功能有较高需求的标准设防类建筑提倡采用减隔震技术"。该文件的发布具有重大的意义，是减隔震技术在全国范围内推广应用的指导性文件，引领了减隔震技术的发展路线。

抗震条例颁布之前，我国对建筑采用减隔震技术大多是优先采用、鼓励、提倡等态度。随着我国建筑科学技术的不断发展进步、经济实力的不断提高以及人民群众日益对更好的生活品质要求，减隔震技术的优越性逐步凸显，针对部分重要建筑的应用指导思想已从"优先采用、鼓励、提倡"改为"应当"，国家政策由鼓励性向强制性地转变，意味着减隔震技术的应用范围将不断扩展。

● 《建设工程抗震管理条例》国务院令第 744 号

第十六条 位于高烈度设防地区、地震重点监视防御区的新建学校、幼儿园、医院、养老机构、儿童福利机构、应急指挥中心、应急避难场所、广播电视等建筑应当按照国家有关规定采用隔震减震等技术，保证发生本区域设防地震时能够满足正常使用要求。

国家鼓励在除前款规定以外的建设工程中采用隔震减震等技术，提高抗震性能。

第二十一条 位于高烈度设防地区、地震重点监视防御区的学校、幼儿园、医院、养老机构、儿童福利机构、应急指挥中心、应急避难场所、广播电视等已经建成的建筑进行抗震加固时，应当经充分论证后采用隔震减震等技术，保证其抗震性能符合抗震设防强制性标准。

● 《建筑抗震设计规范》GB 50011—2010（2016 年版）

3.8.1 隔震与消能减震设计，可用于对抗震安全性和使用功能有较高要求或专门要求的建筑。

● 《关于房屋建筑工程推广应用减隔震技术的若干意见（暂行）》建质〔2014〕25 号

一、加强宣传指导，做好推广应用工作

1. 各级住房城乡建设主管部门要充分认识减隔震技术对提升工程抗震水平、推动建筑业技术进步的重要意义，高度重视减隔震技术研究和实践成果，有计划，有部署，积极稳妥推广应用。

2. 位于抗震设防烈度 8 度（含 8 度）以上地震高烈度区、地震重点监视防御区或地震灾后重建阶段的新建 3 层（含 3 层）以上学校、幼儿园、医院等人员密集公共建筑，应优先采用减隔震技术进行设计。

3. 鼓励重点设防类、特殊设防类建筑和位于抗震设防烈度 8 度（含 8 度）以上地震高烈度区的建筑采用减隔震技术。对抗震安全性或使用功能有较高需求的标准设防类建筑提倡采用减隔震技术。

4. 各级住房城乡建设主管部门要加强技术指导和政策支持，积极组织减隔震技术的宣传和培训，做好相关知识普及。组织开展试点示范，以点带面推动应用。对于列入试点、示范的工程参加评优评奖的，在同等条件下给予优先考虑。

☆ 地震重点监视防御区是指对我国人口稠密、经济发达，10 年左右（或更长一段时间）可能发生 6 级以上破坏性地震，应重点加强监视和采取防御措施的，经国务院或省级人民政府批准的确定性地区。区域范围会进行阶段性调整，大致包括省会城市、直辖市、经济发达地区和城市，具体信息涉密，设计时可向当地地震局查询。

☆ 应急避难场所的设防标准不同于一般民用建筑和重点设防建筑，具体要求见《防灾避难场所设计规范》GB 51143—2015。

☆ 近期，住房城乡建设部已组织相关部门，根据《建设工程抗震管理条例》国务院令第 744 号，对现行《建筑抗震设计规范》GB 50011、《建筑工程抗震设防分类标准》GB 50223 等展开相应修订，并制定《基于保持建筑正常使用功能的抗震技术导则》等技术文件，落实抗震条例的具体技术要求。

7 | 隔震技术适用于所有建筑工程吗?

答:不是!

理论上,任何建筑都可以采用隔震技术进行设计和建造,但实际上根据建筑的场地条件、建筑振动特性、建筑功能、设防烈度、设防类别、经济性等因素,并不是所用建筑均适合采用隔震技术。

结合《建筑抗震设计规范》GB 50011—2010(2016 年版)内容要求,以下为不宜采用隔震技术的建筑。

1. 建筑高宽比超过以下要求的建筑:

砌体,8 度(设防烈度,简称烈度)大于 2.0、9 度大于 1.5;

混凝土框架,8 度大于 3.0、9 度大于 2.0;

混凝土框架-剪力墙、剪力墙,8 度大于 5.0、9 度大于 4.0;

2. 风荷载和其他水平荷载标准值产生的总水平力超过结构总重力 10% 的建筑;

3. IV 类场地的建筑;

4. 建设场地为危险地段上的建筑;

5. 建筑功能要求限制,如对振动十分敏感,对振动有特殊限制要求的建筑,精密仪器类实验、生产和检验场所等。

《建筑隔震设计标准》GB/T 51408—2021 放宽了部分隔震建筑的可适用范围,如对 IV 类场地以及混凝土建筑高宽比的限制,同时补充了部分建筑采用隔震技术的要求,如对于高度超过 150m 的高层建筑采用隔震技术时,应进行论证并采取有效的抗倾覆措施等。

对建在软土地基的建筑和可能发生长周期地震地区的建筑,由于场地周期较长和隔震后形成的较长结构自振周期与地震波长周期接近甚至重叠,还可能给建筑带来不利影响,因此不宜采用隔震技术。《建筑抗震设计规范》GB 50011—2010(2016 年版)对隔震建筑抗震场地的要求宜为 I、II、III 类,未提到 IV 类场地,而在条文说明中指出:当在 IV 类场地建造隔震建筑时,应进行专门研究和专项审查。随着近期隔震建筑在 IV 类场地实际工程运用经验积累,《建筑隔震设计标准》GB/T 51408—2021 放宽了对 IV 类场地的限制,但要求应采取有效措施:如罕遇地震作用下隔震建筑的上部结构变形过大时,也可在上部结构中设置减震装置;或优化隔震层的阻尼装置下,也可在 IV 类场地采用隔震技术。

经济性方面,《建筑抗震设计规范》GB 50011—2010(2016 年版)规定:建筑结构的隔震设计,应根据建筑抗震设防类别、抗震设防烈度、场地条件、建筑结构方案和建筑使用要求，与采用抗震设计的设计方案进行技术、经济可行性的对比后，确定设计方案。《建筑抗震设计规范》GB 50011—2010（2016 年版）第 3.8.1 条明确说明：隔震技术可用于对抗震安全性和使用功能有较高要求或专门要求的建筑，即用于投资方愿意通过适当增加投资来提高抗震安全要求的建筑。现标准未再强调类似内容，但随着我国投资主体的多元化，以及适应不断扩大的经济规模和不断提高的经济实力和不同的投资目的和多元化的客户需求，经济性比较和性能化、订单化设计和生产，也是各种技术运用相应需要考虑的一个方面。

● 《建筑抗震设计规范》GB 50011—2010（2016 年版）

12.1.3 建筑结构采用隔震设计时应符合下列各项要求：

  1 结构高宽比宜小于 4，且不应大于相关规范规程对非隔震结构的具体规定，其变形特征接近剪切变形，最大高度应满足本规范非隔震结构的要求；高宽比大于 4 或非隔震结构相关规定的结构采用隔震设计时，应进行专门研究。

  2 建筑场地宜为 Ⅰ、Ⅱ、Ⅲ 类，并应选用稳定性较好的基础类型。

  3 风荷载和其他非地震作用的水平荷载标准值产生的总水平力不宜超过结构总重力的 10%。

条文说明：

  2 ……

  高宽比大于 4 的结构小震下基础不应出现拉应力；砌体结构，6、7 度不大于 2.5，8 度不大于 2.0，9 度不大于 1.5；混凝土框架结构，6、7 度不大于 4，8 度不大于 3，9 度不大于 2；混凝土抗震墙结构，6、7 度不大于 6，8 度不大于 5，9 度不大于 4。

  对高宽比大的结构，需进行整体倾覆验算，防止支座压屈或出现拉应力超过 1MPa。

  3 国外对隔震工程的许多考察发现：硬土场地较适合于隔震房屋；软弱场地滤掉了地震波的中高频分量，延长结构的周期将增大而不是减小其地震反应，墨西哥地震就是一个典型的例子。2001 规范的要求仍然保留，当在 Ⅳ 类场地建造隔震房屋时，应进行专门研究和专项审查。

● 《建筑隔震设计标准》GB/T 51408—2021

3.2.1 隔震建筑的场地宜选择对抗震有利地段，应避开不利地段；当无法避开时，应采取有效措施。

3.2.2 隔震建筑的地基应稳定可靠，所在的场地宜为 Ⅰ、Ⅱ、Ⅲ 类；当场地为 Ⅳ 类时，应采取有效措施。

条文说明：

  为保证隔震层在地震作用时提供设计预期的力学性能，隔震建筑的地基与基础的变形应该整体协调、一致，隔震层不同位置支座对应的地基与基础不能发生明显的局部变形（包括水平和竖向）。当地基为软弱黏性土、液化土、新近填土或严重不均匀土时，应根据地震时地基不均匀沉降和其他不利影响，采取相应的措施加强地基基础的整体性。

8

采用隔震技术的建筑对工程造价有何影响？

答：一般情况下略高于普通结构。

对隔震与非隔震建筑做造价比较，首先需要明确二者之间存在哪些方面的不同和变化，隔震建筑增加的工程材料、产品和施工步骤主要有：

1. 与隔震垫相关的内容，其中含产品购置、检测及相关连接件，以及隔震垫的运输、安装等；

2. 因设置隔震层，需在隔震垫上支墩处，设置隔震层顶板，若建筑物无地下室，则会增加一层楼板，且该层隔震顶板要求比一般楼板有更好的整体性（楼面梁及楼层板厚较上部其他楼层梁、板偏大）；

3. 需增加的隔震构造做法，包含两部分，一部分是建筑、结构方面，如为保证上部隔震结构相对于下部的相对水平运动，需设置隔震沟（如为上部楼层隔震，无此部分）；跨越隔震层的建筑功能设施构造，如跨越隔震层出入通道、楼梯、坡道及电梯井道等；其次为跨越隔震层的设备、电气管线需要做柔性连接；

4. 结构本身隔震层以下，隔震层支墩、支柱及相连构件需按罕遇地震进行承载力设计，地基如遇液化场地，甲、乙类建筑的抗液化措施需提高要求。

相对同类型非隔震项目，采用隔震技术后，能带来直接工程造价的降低，主要来自隔震层上部。隔震后，水平地震最大影响系数的减小，甚至可能降低上部结构的抗震措施，进而带来结构构件截面和配筋的减小。

综上所述，经多年实际工程统计，高烈度 8 度 0.2g 以上地区，本身建筑布置就带地下室的建筑，采用《建筑抗震设计规范》GB 50011—2010（2016 年版）方法设计时一般较非隔震建筑可略节省部分工程造价。比如丙类多层钢筋混凝土框架结构，带地下室建筑，8 度 0.2g 基本是分界线，随烈度升高，最多可节省 50～100 元/m²，随烈度降低，会高出 100～300 元/m²。

《建筑隔震设计标准》GB/T 51408—2021 出台之后，在隔震结构设计方法方面做了较大调整，直接采用中震地震作用进行整体设计，对于常规隔震结构，虽然采用整体分析-迭代计算方法，与《建筑抗震设计规范》GB 50011—2010（2016 年版）采用减震系数法相比，配筋量增加了 10%～30%（具体视结构类型的不同有所区别），但隔震所带来的结构安全性保障却是十分明确的（提高了设防性能目标）。

当然，工程造价还与建筑功能、平面和立面布局、地基条件、建设地域、主要采用的建材差异等因素相关，会有所差异，但采用隔震技术的建筑，隔震层上部结构在构件尺寸上一般是比较明显小于同类型和规模非隔震建筑的，会给建筑带来更大的使用空间和建筑面积，尤其考虑到发生地震后造成的地震损害，相比非隔震建筑，震害较小甚至没有损伤，以及更快的功能恢复等，有着良好的社会效益的同时，带来更大的综合和长期的经济效益，值得采用；在此，还需要提一下的是砌体结构，还存在着抗震措施按低一度采用后，丙类建筑存在可增加层数、高度和面积的可能，对开发商有很大的吸引力。

参考文献：

[8-1] 王海飙，王龙凤.多层基础隔震建筑的经济性分析［J］.山西建筑，2019，45（03）：224-225.

[8-2] 杨小威，陈文祥，黎加纯.配建学校建筑采用隔震技术的增量成本分析［J］.广东土木与建筑，2019，26（12）：28-31.

[8-3] 段纯.高层住宅建筑隔震结构的经济性分析［J］.工程经济，2017，27（05）：43-45.

[8-4] 陈跃跃.关于基础隔震技术对医疗建筑物造价影响的浅谈［J］.甘肃科技，2017，33（14）：90-91.

[8-5] 周颖，陈鹏，刘璐，等.9度区某高层酒店隔震设计及经济性分析［J］.建筑结构，2016，46（22）：59-63.

9

隔震层设置的位置如何选择?

答：隔震层一般设置于基础面、地下室顶板，当然也可根据结构安全、造价、功能布局等因素设置在其他层，这不仅对结构专业本身很重要，对其他相关专业也会产生影响。

隔震层可以设置在基础面、地下室顶板，也可设置在上部层间等，如首层顶或大底盘裙房顶、大跨屋盖下等位置。设置于基础面或地下室顶板较为常见，少数工程设置于柱顶或跨楼层设置，不同位置各有其适用性，需要结合项目自身特点及具体情况而定。

1. 基础面隔震。

（1）无地下室基础面隔震：将隔震层设置在基础顶（图 9-1）。

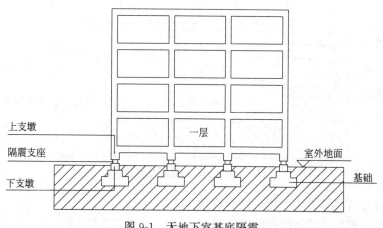

图 9-1　无地下室基底隔震

这种模式适用于无地下室隔震建筑，早期隔震工程比较常见。

（2）带地下室基础面隔震：隔震层设置在地下室底，基础面以上（图 9-2）。

这种模式主体设计明确，如果存在地下室，地下室周边须考虑隔震沟的要求，设置永久悬臂挡土墙，当地下室层高较大时挡土墙造价偏高，且从经济方面，不适用于地下室面积远大于上部结构的建筑。同时对于隔震支座的检修维护难度也有所增大，隔震沟的防排水也需要特别注意。

2. 地下室顶隔震：隔震层设置在地下室顶，上部结构以下（图 9-3）。

当不设置地下室顶板时，地下室顶板即隔震层楼板，较高的悬臂下支墩可通过顶面做拉梁来增加其整体性，但地下室层高会受影响。当设置地下室顶板时，上、下两个完整的

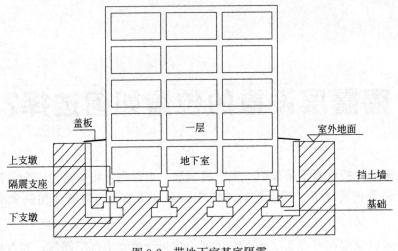

图 9-2　带地下室基底隔震

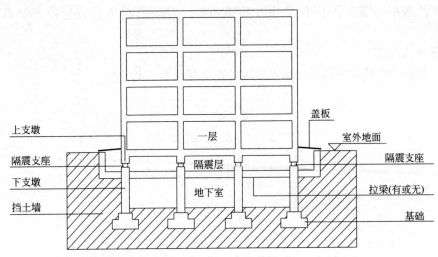

图 9-3　地下室顶隔震

刚体，中间通过隔震层柔性连接，结构概念清晰明确。但须满足穿越隔震层的固定设施和管线的相关要求。同时需要注意的还有通地下室的楼、电梯间，在隔震层处须构造隔离。

3. 层间隔震

（1）层间隔震（图 9-4）。

该种模式隔震层处于结构楼层的下部至中间位置，此方法可以根据建筑物自身的性质来布置隔震层，使建筑物达到相应的控制效果。

（2）裙房顶隔震：隔震层设置在大底盘

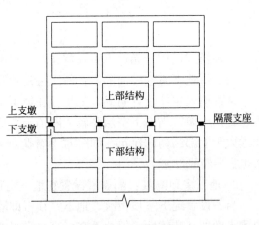

图 9-4　层间隔震

顶,上部塔楼以下(图9-5)。

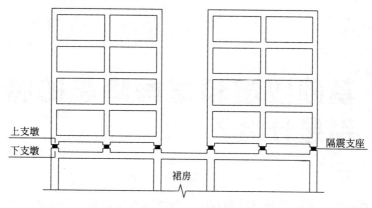

图 9-5 裙房顶隔震

这种模式也属于层间隔震,大底盘一般为商业,层高较大,隔震层设置在大底盘以上时,对下层刚度要求较高,可能造成振型相互激励的负面作用。

这种模式常见于下部为大空间框架结构商业,上部为剪力墙结构住宅的建筑。由于隔震层同时也是转换层,故隔震层上下楼板刚度需要足够大,隔震支座可在其间相对自由地布置。

4.屋盖隔震。

这种模式隔震层设置在建筑物柱顶或墙顶与顶层屋盖之间,一般用于大跨屋盖与下部结构主体的连接。

● **《建筑隔震设计标准》GB/T 51408—2021**

2.1.2 隔震层 seismic isolation interface

隔震建筑设置在基础、底部或下部结构与上部结构之间的全部部件的总称,包括隔震支座、阻尼装置、抗风装置、限位装置、抗拉装置、附属装置及相关的支承或连接构件等。

2.1.5 基底隔震 base isolation

隔震层在建筑物底部的隔震体系。

2.1.6 层间隔震 inter-storey isolation

隔震层设置在建筑物底部以上某层间位置的隔震体系。

2.1.7 屋盖隔震 roof isolation

隔震层设置在建筑物柱顶或墙顶与顶层屋盖之间的隔震体系。

10 | 基础隔震和层间隔震的特点分别是什么？

答：基础及地下室顶隔震效果及经济性一般优于层间隔震；当结构上部布置出现明显偏心情况时，可通过层间隔震来调整此类竖向不规则；某些特殊结构形式层间隔震更有优势，如底部框架-抗震墙砌体结构。

隔震层的布置通常是在基础或地下室顶，近十几年来，大量学者对层间隔震技术也开展了大量的研究，利用各种简化模型，对层间隔震的动力特性和地震响应进行了分析研究，证实了层间隔震也是一种有效的减震形式，但仅对上部结构的减震效果显著，而下部结构的减震效果较差。对于隔震层所处的位置，上部结构的减震效果显著，但是隔震层位置越低，整体结构减震效果越显著[10-1]；对隔震层在不同位置的规则层间隔震模型的振动台试验表明：隔震层所处位置越低，整体结构减震效果越好，对于下部结构基本没有减震效果[10-2]。

此外，针对扭转效应，采用层间隔震的结构地震响应试验，表明采用层间隔震层后，上、下部结构扭转耦联效应均不明显。多塔结构的层间隔震、基础隔震和抗震结构的地震响应分析对比表明，隔震结构可以减小结构平扭耦联效应，且层间隔震结构在减小结构扭转效应方面更优秀[10-3]。

基础隔震一定优于层间隔震的结论并不绝对，还需要结合实际工程特点，例如大底盘多塔楼结构，当塔楼层数及刚度差别较大时，采用层间隔震比基础隔震更能降低结构地震响应和平-扭耦合效应。所以具体工程尚须具体对待，必要时可采用两种隔震方式分析比较，从而得出最优隔震方案。

传统的底部框架-抗震墙砌体结构，为避免本身下部框架-剪力墙出现软弱、薄弱层，本身抗震设计就要求严格控制底部框架-抗震墙与上部砌体结构的侧向刚度比。底部框架-抗震墙砌体结构在采用隔震方案后，即使在基础底采用隔震层，虽然能够大幅降低上部结构地震响应，但底部框架-抗震墙与上部砌体结构的侧向刚度不协调问题仍存在，对这种混合体系上的竖向不规则几乎无改善。而采用层间隔震，在两种不同体系之间加设一个人为的软弱层，上部刚度大、质量集中的砌体结构地震效应降低，同时对降低下部串联的两个相对软弱层的地震负荷也有利，且存在的水平刚度更弱的隔震层，也缓解了两个不同材料和结构体系之间的相互作用，对整个底部框架-抗震墙砌体结构是有利的，这也是推荐对底部框架-抗震墙砌体结构采用层间隔震方案的主要原因，《建筑隔震设计标准》GB/T 51408—2021甚至提出，如采用层间隔震，下部可以采用纯框架结构体系，对底部的建筑功能布置倒是带来利好。但需注意,底部框架-抗震墙砌体结构在历次地震中,均表现不好,实际采用层间隔震的底部框架-抗震墙砌体结构实例有限,该体系尚需接受真实的破坏性地震考验和验证。

● 《建筑隔震设计标准》GB/T 51408—2021

8.1.2 多层砌体建筑和底部框架-抗震墙砌体建筑采用隔震设计时,应符合下列规定:

　　3 隔震层宜设置在基础或地下室结构与上部首层结构之间;对于底层或底部两层框架-抗震墙结构,当框架-抗震墙部分不超过建筑物总高度的三分之一时,隔震层可设置在框架-抗震墙顶部。

8.3.3 底部框架 抗震墙砌体建筑采用基底隔震设计时,底部框架-抗震墙砌体建筑的地震作用效应应按抗震结构的相关规定调整,上部砌体结构按本章的规定进行设计;当采用层间隔震设计时,下部结构可采用框架,尚应符合本标准第 4.7 节的有关规定。

参考文献:

[10-1] 李慧,包超,杜永峰.近场地震作用下不规则层间隔震结构的动力响应分析 [J].地震工程学报,2013,35,(1):51-55.

[10-2] 祁皑,郑国琛,闫维明.考虑参数优化的层间隔震结构振动台试验研究 [J].建筑结构学报,2009,30 (2):8-16.

[10-3] 刘德稳,孙毅,齐荣庆,等.层间隔震偏心结构双向地震耦合响应研究 [J].地震工程学报,2019,41 (6):1440-1447.

11 隔震层空间高度有要求吗?

答：隔震层的高度应能满足检查检修、维护更换以及施工、安装、运送装置等的空间要求。

隔震层需要一定的高度主要是为了在满足施工、运送装置、安装支座操作空间的同时，便于后期使用对隔震层进行必要的检查、维护及更换。一般情况下隔震层梁底到地面的净高建议不小于 800mm（图 11-1）。

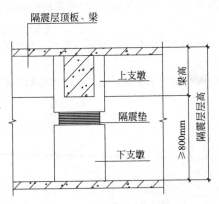

图 11-1　隔震层层高示意图

隔震层层高也不宜太高。隔震层由上下支墩及隔震支座组成，支墩及其连接件应满足罕遇地震作用下的承载力验算，应按抗剪弹性、抗弯不屈服考虑。

● **《建筑隔震设计标准》GB/T 51408—2021**

5.7.1　隔震层应设置进人检查口，进人检查口的尺寸应便于人员进入，且符合运输隔震支座、连接部件及其他施工器械的规定。

5.7.2　隔震支座应留有便于观测和维修更换隔震支座的空间，宜设置必要的照明、通风等设施。

● **《叠层橡胶支座隔震技术规程》CECS 126：2001**

4.3.8……

　　7　隔震层宜留有便于观测和更换支座的空间。

12 | 隔震层建筑面积如何计算？

答：当采用基础隔震时，参照《建筑工程建筑面积计算规范》GB/T 50353—2013 第 3.0.27 条"形成的与建筑物内部不相连通的建筑部件"，隔震层不计算建筑面积。

隔震层是由于采用隔震技术而形成的，区别于通常建筑的特殊空间，现行的《建筑工程建筑面积计算规范》GB/T 50353—2013 是没有直接能适用该类空间面积计算的条文，该区域既不同于设备层，也不属于结构的架空层，当采用基础隔震时，该区域只能通过增设在首层混凝土底板（隔震层顶板）上的检修孔进入，是没有门、楼梯等正常出入通道的，虽然是围合封闭的区域和空间，加之空间高度十分有限（一般在 1500mm 左右），确无法做到"可出入、可利用"，只能用于完成隔震装置的施工、运行以及特殊情况下对隔震装置的检修和更换，因此，参照《建筑工程建筑面积计算规范》GB/T 50353—2013 第 3.0.27 条第 1 款"形成的与建筑物内部不相连通的建筑部件"，隔震层不计算建筑面积。

当隔震层位于其他位置时，也可参照上述原则执行。

● 《建筑工程建筑面积计算规范》GB/T 50353—2013

3.0.27 下列项目不应计算建筑面积：

1 与建筑物内不相连通的建筑部件。

☆ 住房城乡建设部标准定额研究所，于 2017 年 11 月 17 日，曾就云南省某隔震工程提出的此问题出具函件，进行回复，答复内容为：1. 本答复仅适用于按《建筑工程建筑面积计算规范》GB/T 50353—2013 计算建筑面积的情况；2. 根据来函资料，参照规范第 3.0.27 条第 1 款"形成的与建筑物内部不相连通的建筑部件"不应计算建筑面积，隔震层不计算建筑面积。

13

隔震建筑的建筑高度从何处算起?

答: 采用基础隔震, 一般可从隔震层顶部开始计算建筑物高度; 采用层间隔震, 与普通建筑结构要求一致, 即从室外地面算起。

考虑到采用基础隔震的建筑, 包括地下室顶隔震项目(地下室需满足规范要求达到的嵌固刚度, 同时也应是建筑定义的全地下室或半地下室; 如为砌体结构, 尚应满足砌体结构不计算到房屋总高度的地下室要求), 隔震层以下部分与大地相接和共同运动, 是对抵抗水平地震作用较为有利的结构。隔震垫水平刚度相对上、下部结构均很小, 主要作用为释放水平力、发生集中变形。而隔震层本身(包括上支墩和与之相连的梁板结构)要求整体性较好, 构件截面与高度相近(隔震层从上支墩的底到隔震层顶板高度一般不超过1.5m), 近似看作刚体, 因此, 建筑物高度可从隔震层顶算起(图 13-1), 也和上部结构基本动态反映及通常力学分析结果相吻合。

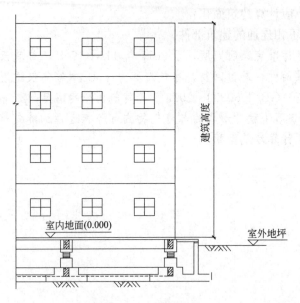

图 13-1 基础隔震

对层间隔震建筑, 由于层间隔震本身振动比非隔震建筑和基础隔震建筑复杂得多, 采用的分析方法和相应的控制指标, 也比一般隔震项目多, 此外, 采用隔震技术并不能提高建筑的适用高度,因此,采用层间隔震,与普通建筑结构要求一致,建筑高度从室外地面算起(图13-2)。

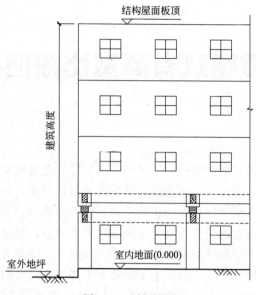

图 13-2 层间隔震

同时,对待层间隔震,控制隔震的高宽比,除需控制整体(从室外地面计算建筑高度)的高宽比外,尚需控制隔震垫以上隔震结构的高宽比,均需满足相应要求。

● 《建筑隔震设计标准》GB/T 51408—2021

条文说明:

6.1.2 ……

隔震建筑高度指室外地面到主要屋面板顶的高度。结构高度取隔震支座标高到上部结构屋面板顶的高度。

☆ 确定建筑物高度,可用于按规范、标准要求,进行建筑的适用高度和层数(砌体)的判断,以及确定各类型结构抗震等级和构造措施。

14 隔震建筑有高宽比限值要求吗？

答：有。

隔震技术的原理是通过延长结构自振周期、增加结构阻尼来实现减小上部结构动力反应的目的，非隔震结构周期越短，隔震后周期延长效果越明显，隔震效果也就更明显。从建筑的体型来看，原本体型"细长"的建筑比"粗短"的建筑要柔，周期一般也大于"粗短"的建筑，也就是说低层建筑比高层建筑隔震效果更明显，更适合采用隔震技术。

此外，橡胶隔震支座抗拉性能差，抗震设计时需要尽量限制支座的受拉应力。这就和建筑地震作用下的变形特征有关，如果水平荷载下上部结构以弯曲变形为主，意味着底层角部竖向构件受拉的可能性较大。通常情况下，"细长"的建筑变性特征以弯曲变形为主，体型越细长，倾覆可能性越大，相反体型"粗短"的建筑整体水平刚度较大，不宜发生弯曲变形，基本不存在倾覆危险。也就是说，隔震设计时，上部结构宜以剪切变形为主，结构高宽比越小，水平荷载下结构剪切变形的比例就越大。而通过控制隔震建筑的高宽比，即可在一定程度上控制结构的变形特征。

《建筑抗震设计规范》GB 50011—2010（2016年版）要求隔震结构高宽比宜小于4，结构的变形特点需符合剪切变形为主，且不应大于相关规范规程对非隔震结构的具体规定。高宽比大于4的结构，小震下基础不应出现拉应力；砌体结构，6、7度不大于2.5，8度不大于2.0，9度不大于1.5；混凝土框架结构，6、7度不大于4，8度不大于3，9度不大于2；混凝土抗震墙结构，6、7度不大于6，8度不大于5，9度不大于4。

《建筑隔震设计标准》GB/T 51408—2021仅对采用隔震设计了多层砌体建筑和底部框架-抗震墙建筑的最大高宽比做了相应要求。对于标准设防类建筑，底部剪力比不大于0.5时，高宽比限值可按抗震结构相应设防烈度降低一度的要求。重点设防类建筑为稳妥起见，与抗震结构的要求相同。

● **《建筑抗震设计规范》GB 50011—2010（2016年版）**

12.1.3　建筑结构采用隔震设计时应符合下列各项要求：

1　结构高宽比宜小于4，且不应大于相关规范规程对非隔震结构的具体规定，其变形特征接近剪切变形，最大高度应满足本规范非隔震结构的要求；高宽比大于4或非隔震结构相关规定的结构采用隔震设计时，应进行专门研究。

条文说明：

12.1.3　……

2　根据橡胶隔震支座抗拉屈服强度低的特点，需限制非地震作用的水平荷载，结构的变形特点需符合剪切变形为主且房屋高宽比小于 4 或有关规范、规程对非隔震结构的高宽比限制要求。现行规范、规程有关非隔震结构高宽比的规定如下:

高宽比大于 4 的结构小震下基础不应出现拉应力;砌体结构,6、7 度不大于 2.5,8 度不大于 2.0,9 度不大于 1.5;混凝土框架结构,6、7 度不大于 4,8 度不大于 3,9 度不大于 2;混凝土抗震墙结构,6、7 度不大于 6,8 度不大于 5,9 度不大于 4。

对于高宽比大的结构,需进行抗倾覆验算,防止支座压屈或出现拉应力超过 1MPa。

● **《建筑隔震设计标准》GB/T 51408—2021**

条文说明:

6.1.2　······

当隔震建筑的高度或高宽比超过国家标准《建筑抗震设计规范》GB 50011—2010(2016 年版)的规定限值时,详尽的论证必须包含对结构抗倾覆设计和支座抗拉设计的论证,抗倾覆措施是指在隔震层设置具有抗拉功能的装置或部件,或通过其他方式来抵抗结构的倾覆效应,使隔震支座的拉应力控制符合本标准第 4.6.9 条和第 6.2.1 条的规定,并预留整体抗倾覆安全裕度。

8.1.2　多层砌体建筑和底部框架-抗震墙建筑采用隔震设计时,应符合下列规定:

2　对于隔震建筑的层数、总高度和最大高宽比,重点设防类建筑应满足抗震结构相应设防烈度的要求;当底部剪力比不大于 0.5 时,其余抗震措施可适当降低,但最大降低幅度不超过 1 度;标准设防类隔震建筑底部剪力比不大于 0.5 时,建筑物层数、总高度、最大高宽比和其余抗震措施可适当降低,最大降低幅度不超过 1 度。

条文说明:

8.1.2　······

多层砌体房屋限制高宽比,是为了保证房屋的稳定性,当采用隔震技术后,限制高宽比还可保证隔震支座不受拉。由于多层砖房的高宽比限值不超过 2.5,根据工程经验这样的高宽比通常不会引起隔震支座受拉,因此,对于标准设防类建筑,高宽比限值可按抗震结构相应设防烈度降低一度的要求。重点设防类建筑为稳妥起见,与抗震结构的要求相同。

11.1.2　村镇民居建筑结构的高宽比,抗震设防烈度 6、7 度时不宜大于 2.0,8 度时不宜大于 1.5,9 度时不宜大于 1.0。

15

采用隔震技术的混凝土框架结构能否提高建筑的最大适用高度？如由 8 度（0.2g）区的 40m 提到 7 度区（0.1g）的 50m？

答：不能，除砌体结构外，隔震建筑的最大适用高度与非隔震建筑要求一致。

采用隔震技术可以使隔震层上部结构的水平地震作用减轻，但对建筑物倾覆及竖向地震并不一定有利，《建筑抗震设计规范》GB 50011—2010（2016 年版）与《建筑隔震设计标准》GB/T 51408—2021 对隔震建筑的适用高度要求一致：均应满足非隔震建筑抗震规范的要求。

高层隔震建筑的地震响应行为与高层抗震建筑明显不同，地震响应的倾覆效应可能使隔震支座受拉，而支座受拉对隔震建筑的安全非常不利，目前隔震支座抗拉能力明显弱于传统抗震构件，因此支座拉应力的控制是高层隔震建筑重要验算内容之一。

采用隔震技术的建筑是对抗震性能的提高，震后的震害预期要好于一般同类型的抗震建筑，同时，由于采用隔震技术，上部的水平地震作用减小，能够对结构带来的是上部结构构件截面、尺度的减少和建筑空间利用率的提高，这是隔震建筑带来的主要效益，而非盖更高的高度，恰恰相反，越高的建筑，隔震效果反而不一定好。

● **《建筑抗震设计规范》GB 50011—2010（2016 年版）**

12.1.3 建筑结构采用隔震设计时应符合下列各项要求：

1 结构高宽比宜小于 4，且不应大于相关规范规程对非隔震结构的具体规定，其变形特征接近剪切变形，最大高度应满足本规范非隔震结构的要求；高宽比大于 4 或非隔震结构相关规定的结构采用隔震设计时，应进行专门研究。

● **《建筑隔震设计标准》GB/T 51408—2021**

6.1.2 隔震建筑宜符合现行国家标准《建筑抗震设计规范》GB 50011 对建筑高度的规定，当建筑高度超过 150m 时，应进行论证并采取有效的抗倾覆措施。

条文说明：

我国目前建成的最高隔震建筑高度在 100m 左右，高层隔震建筑的建设有待继续发展，且钢结构隔震建筑应用较少。钢-混凝土混合结构隔震建筑的相关研究目前也有待进一步完善。鉴于此，目前给出的隔震建筑的最大适用高度宜参考国家标准《建筑抗震设计规范》GB 50011—2010（2016 年版）的规定。

隔震建筑高度指室外地面到主要屋面板顶的高度。结构高度取隔震支座标高到上部结构屋面板顶的高度。

高层隔震建筑的地震响应行为与高层抗震建筑明显不同，相同烈度的地震作用下，隔震建筑水平地震作用相对于抗震建筑有显著降低，这是有利于建筑适用高度提高的因素，但是，高层建筑地震响应的倾覆效应可能使隔震支座受拉，目前隔震支座抗拉能力与传统抗震构件比还不够强，这是高层隔震建筑安全性的不利因素。因此，高层建筑隔震设计应当注重控制支座拉应力，必要时，可增加抗倾覆措施。

当隔震建筑的高度或高宽比超过国家标准《建筑抗震设计规范》GB 50011—2010（2016 年版）的规定限值时，详尽的论证必须包含对结构抗倾覆设计和支座抗拉设计的论证，抗倾覆措施是指在隔震层设置具有抗拉功能的装置或部件，或通过其他方式来抵抗结构的倾覆效应，使隔震支座的拉应力控制符合本标准第 4.6.9 条和第 6.2.1 条的规定，并预留整体抗倾覆安全裕度。

16

多层砌体房屋采用隔震设计时，上部结构的设计条件更加宽松吗？

答：不完全是。

砌体结构因材料的脆性性质决定了其抗震性能差，由于采用隔震技术可使多层砌体房屋和底部框架-抗震墙房屋的水平地震作用降低 50%～80%，所以砌体结构房屋在抗震设计时的适用范围，在隔震设计时也同样适用。

关于砌体房屋隔震设计，《建筑抗震设计规范》GB 50011—2010（2016 年版）在附录 L 中对计算方法和构造措施做了较为详细的要求。《建筑隔震设计标准》GB/T 51408—2021 则单独设立了"多层砌体建筑和底部框架-剪力墙砌体建筑"一个章节，提出了针对多层砌体房屋，包括底部框架-抗震墙砌体结构的隔震设计相关要求。两本规范、标准都对上部结构提出了可适当降低抗震措施的内容，针对丙类建筑，还可对建筑物层数、总高、最大高宽比做最大幅度不超过一度的降低，可以降低的前提条件见两本规范、标准的相应章节。

砌体结构隔震后，即使满足规范、标准抗震措施降低的相应前提要求，也仅对抗震墙的最小厚度、层高、纵横墙的布置、横墙间距和墙段的局部尺寸限值有了适当的放宽，同时不得超过设防烈度降低一度的要求。这里需注意的是，砌体结构隔震后，可降低的抗震措施不包括承重外墙尽端至门窗洞边的最小距离及圈梁的截面和配筋构造，这些是属于与竖向地震相关的抗震措施，不得降低。

对于底部框架-抗震墙砌体结构，实践发现当采用基础隔震时，由于上部结构的侧向刚度比较大时，其减震效果不佳，因此对其侧向刚度比做了比抗震结构还要严格的要求。

● **《建筑抗震设计规范》GB 50011—2010（2016 年版）**

L.2.3 丙类建筑隔震后上部砌体结构的抗震构造措施应符合下列要求：

1 承重外墙尽端至门窗洞口边的最小距离及圈梁的截面和配筋构造，仍应符合本规范第 7.1 节和第 7.3、7.4 节的有关规定。

2 多层砖砌体房屋的钢筋混凝土构造柱设置，水平向减震系数大于 0.40 时（设置阻尼器时为 0.38），仍应符合本规范表 7.3.1 的规定；（7～9）度，水平向减震系数不大于 0.40 时（设置阻尼器时为 0.38），应符合表 L.2.3-1 的规定。

3 混凝土小砌块房屋芯柱的设置，水平向减震系数不大于0.40时（设置阻尼器时为0.38），仍应符合本规范表7.4.1的规定；（7～9）度，当水平向减震系数不大于0.40时（设置阻尼器时为0.38），应符合表L.2.3-2的规定。

4 上部结构的其他抗震构造措施，水平向系数大于0.40时（设置阻尼器时为0.38）仍按本规范第7章的相应规定采用；（7～9）度，水平向减震系数不大于0.40时（设置阻尼器时为0.38），可按本规范第7章降低一度的相应规定采用。

表 L.2.3-1 隔震后砖房构造柱设置要求

房屋层数			设置部位
7度	8度	9度	
三、四	二、三		每隔12m或单元横墙与外墙交接处
五	四	二	每隔三开间的横墙与外墙交接处
六	五	三、四	隔开间横墙（轴线）与外墙交接处，山墙与内纵墙交接处；9度四层，内纵墙与内墙（轴线）交接处
七	六、七	五	内墙（轴线）与外墙交接处，内墙局部较小墙垛处；内纵墙与横墙（轴线）交接处

表 7.3.1 多层砖砌体房屋构造柱设置要求

房屋层数				设置部位
6度	7度	8度	9度	
四、五	三、四	二、三		隔12m或单元横墙与外墙交接处；楼梯间对应的另一侧内横墙与外纵墙交接处
六	五	四	二	隔开间横墙（轴线）与外墙交接处；山墙与内纵墙交接处
七	≥六	≥五	≥三	内墙（轴线）与外墙交接处；内墙局部较小墙垛处；内纵墙与横墙（轴线）交接处

楼、电梯间四角,楼梯斜段上下端对应的墙体处；外墙四角和对应转角；错层部位横墙与外纵墙交界处；大房间内外墙交接处；较大洞口两侧

● 《建筑隔震设计标准》GB/T 51408—2021

8.1.2 多层砌体建筑和底部框架-抗震墙建筑采用隔震设计时，应符合下列规定：

2 对于隔震建筑的层数、总高度和最大高宽比，重点设防类建筑应满足抗震结构相应设防烈度的要求；当底部剪力比不大于0.5时，其余抗震措施可适当降低，但最大降低幅度不超过1度；标准设防类隔震建筑底部剪力比不大于0.5时，建筑物层数、总高度、最大高宽比和其余抗震措施可适当降低，最大降低幅度不超过1度。

17 | 如何确定丙类砌体结构采用隔震技术后的适用高度和层数？

答：按照《建筑抗震设计规范》GB 50011—2010（2016 年版）及《建筑隔震设计标准》GB/T 51408—2021，砌体结构采用隔震技术后，水平向减震系数不大于 0.4 或底部水平剪力系数不大于 0.5 时，标准设防类（丙类）隔震建筑物层数、总高度、最大高宽比和其余抗震措施均可适当降低，但最大降低幅度不超过 1 度。

《建筑抗震设计规范》GB 50011—2010（2016 年版）和《建筑隔震设计标准》GB/T 51408—2021 均给出采用隔震技术后，可适度降低砌体结构抗震措施，甚至提高建筑物适用高度和层数及高宽比的条件，但实际实施时，尚需注意以下问题：

1. 由于地震烈度区划存在 8 度（0.30g）和 7 度（0.15g），两个所谓的 8 度半和 7 度半区，而没有 6 度半，因此，当执行水平减震系数 $\beta>0.40$（设置阻尼器时为 0.38）和底部水平剪力系数大于 0.5 时，上部砌体结构抗震措施不降低，当 $\beta\leqslant0.40$（0.38）和底部水平剪力系数不大于 0.5 时，抗震措施按降低一度采用时，7 度（0.15g）就没有可能再降低，而直接执行 7 度抗震措施了，具体内容相应按表 17-1 执行。

丙类砌体隔震结构抗震构造措施对应地震烈度表　　　　　　　　　　表 17-1

本地区设防烈度 （设计基本地震加速度）	水平向减震系数 β（底部水平剪力系数）	
	$\beta>0.40(>0.5)$	$\beta\leqslant0.40(\leqslant0.5)$
9　（0.40g）	9 度	8 度
8　（0.30g）	8 度	7 度
8　（0.20g）	8 度	7 度
7　（0.15g）	7 度	7 度
7　（0.10g）	7 度	6 度

另外，《建筑抗震设计规范》GB 50011—2010（2016 年版）附录 L.2，还给出了隔震后砖房构造柱设置要求表 L.2.3-1、表 L.2.3-2，具体要求详见《建筑抗震设计规范》GB 50011—2010（2016 年版）表格。

2. 丙类砌体结构采用隔震技术后，房屋的层数、总高度和高宽比限值，结合《建筑抗震设计规范》GB 50011—2010（2016 年版）第 7.1 节的表 7.1.2，满足条件按降低一度后采用，会出现以下问题：9 度（0.4g）240mm 普通砖是 4 层 12m 限值，提高到降一度后 8 度（0.2g）的 6 层 18m，提高了两层 6m，而《建筑抗震设计规范》GB

50011—2010（2016 年版）表 L.2.3-1 中，9 度最高只到 5 层，同时 9 度（0.4g）240mm 多孔砖也存在直接从 3 层 9m 提高到 6 层 18m，直接提高了 3 层 9m，高度和层数都翻了一番，不甚合理；另 8 度（0.3g）240mm 普通砖是从 5 层 15m 限值，提高到降一度后 7 度（0.15g）的 7 层 21m，提高了两层 6m，而 8 度（0.3g）240mm 多孔砖，是从 5 层 15m 提高到 6 层 18m，只提高了一层 3m；而 8 度（0.2g）240mm 普通砖和多孔砖又都是从 6 层 18m 限值，提高到降一度后 7 度（0.10g）的 7 层 21m，都只提高了 1 层 3m。因此按照规范标准最大降低幅度不超过 1 度的要求，建议执行丙类砌体结构采用隔震技术后的适用高度和层数时，如果遇到提高层数和高度超过 1 层和 3m 的情况，按降一档而不是降一度查《建筑抗震设计规范》GB 50011—2010（2016 年版）采用。

● **《建筑抗震设计规范》GB 50011—2010（2016 年版）**

条文说明：

12.2.7　隔震后上部结构的抗震措施可以适当降低，一般的橡胶支座以水平向减震系数 0.40 为界划分，并明确降低的要求不得超过一度，对于不同的设防烈度如表 8 所示：

表 8　水平向减震系数与隔震后上部结构抗震措施所对应烈度的分档

本地区设防烈度 （设计基本地震加速度）	水平向减震系数	
	$\beta \geq 0.40$	$\beta < 0.40$
9　（0.40g）	8　（0.30g）	8　（0.20g）
8　（0.30g）	8　（0.20g）	7　（0.15g）
8　（0.20g）	7　（0.15g）	7　（0.10g）
7　（0.15g）	7　（0.10g）	7　（0.10g）
7　（0.10g）	7　（0.10g）	6　（0.05g）

　　需注意，本规范的抗震措施，一般没有 8 度（0.30g）和 7 度（0.15g）的具体规定。因此，当 $\beta \geq 0.40$ 时抗震措施不降低，对于 7 度（0.15g）设防时，即使 $\beta < 0.40$，隔震后的抗震措施基本上不降低。

　　砌体结构隔震后的抗震措施，在附录 L 中有较为具体的规定。对混凝土结构的具体要求，可直接按降低后的烈度确定，本次修订不再给出具体要求。

　　考虑到隔震层对竖向地震作用没有隔振效果，隔震层以上结构的抗震构造措施应保留与竖向抗力有关的要求。本次修订，与抵抗竖向地震有关的措施用条注的方式予以明确。

L.2　砌体结构的隔震措施

L.2.3　丙类建筑隔震后上部砌体结构的抗震构造措施应符合下列要求：

2　多层砖砌体房屋的钢筋混凝土构造柱设置，水平向减震系数大于 0.40 时（设置阻尼器时为 0.38），仍应符合本规范表 7.3.1 的规定；（7～9）度，水平向减震系数不大于 0.40 时（设置阻尼器时为 0.38），应符合表 L.2.3-1 的规定。

表 L.2.3-1　隔震后砖房构造柱设置要求

房屋层数			设置部位	
7度	8度	9度		
三、四	二、三		楼、电梯四角、楼梯斜段上下端对应的墙体出；外墙四角对应转角；错层部位横墙与外纵墙交接处；较大洞口两侧，大房间内外墙交接处	每隔 12m 或单元横墙与外墙交接处
五	四	二		每隔三开间的横墙与外墙交接处
六	五	三、四		隔开间横墙（轴线）与外墙交接处，山墙与内纵墙交接处；9度四层，外纵墙与内横墙（轴线）交接处
七	六、七	五		内墙（轴线）与外墙交接处，内墙局部较小墙垛处；内纵墙与横墙（轴线）交接处

● 《建筑隔震设计标准》GB/T 51408—2021

8.1.2　多层砌体建筑和底部框架-抗震墙建筑采用隔震设计时，应符合下列规定：

1　应优先采用横墙承重或纵横墙共同承重的结构体系。

2　对于隔震建筑的层数、总高度和最大高宽比，重点设防类建筑应满足抗震结构相应设防烈度的要求；当底部剪力比不大于 0.5 时，其余抗震措施可适当降低，但最大降低幅度不超过 1 度；标准设防类隔震建筑底部剪力比不大于 0.5 时，建筑物层数、总高度、最大高宽比和其余抗震措施可适当降低，最大降低幅度不超过 1 度。

条文说明：

即使采用隔震技术，多层砌体建筑的建筑布置和结构体系也应符合抗震的基本原则，但考虑到上部结构的地震作用会明显减小，所以对于抗震墙最小厚度、层高、纵横墙的布置、横墙间距和墙段的局部尺寸限值等，较之抗震结构可适当放宽，但不超过抗震结构相应设防烈度降低一度的要求。

多层砌体建筑的抗震能力与房屋高度、层数有直接关系，虽然采用隔震技术后可大大降低上部结构的地震作用，但考虑到砌体材料的脆性材质，为稳妥起见，仅标准设防类建筑，且隔震结构的底部剪力比不大于 0.5，可按抗震结构相应设防烈度降低 1 度的要求。重点设防类建筑与抗震结构的要求相同。

☆　注意：《建筑抗震设计规范》GB 50011—2010（2016 年版）12.2.7 的条文说明中，对抗震措施可降低的条件与正文表达有出入，《建筑抗震设计规范》GB 50011—2010（2016 年版）12.2.7 正文是"水平向减震系数不大于 0.40 时（设置阻尼器时为 0.38），可适当降低本规范有关章节对非隔震建筑的要求"，但条文说明中表格和行文均表达为"$\beta < 0.40$"，按正文理解，应为 $\beta \leqslant 0.40$。

18

采用隔震技术的砌体结构能够提高建筑的最大适用高度吗？如在 8 度（0.3g）区盖六层、8 度（0.2g）区盖七层？

答：可以，但有条件。

当设置隔震层后（一般采用基础隔震，存在地下室的建筑，隔震层也可设在地下室顶），减震系数不大于 0.40 时（设置阻尼器时为 0.38），丙类砌体结构的层数、总高度和高宽比限值，可按降低烈度 1 度后，根据《建筑抗震设计规范》GB 50011—2010（2016年版）的表 7.1.2 要求采用，即实现在 8 度（0.3g）区盖六层、8 度（0.2g）区盖七层。

《建筑隔震设计标准》GB/T 51408—2021 有相同的要求，标准规定：对于重点设防类多层砌体房屋采用隔震技术时，建筑的层数、总高度和最大高宽比，应满足抗震结构相应设防烈度的要求；当底部剪力比不大于 0.5 时，其抗震措施可适当降低，但最大降低幅度不超过 1 度。对于标准设防类多层砌体房屋采用隔震技术时，当底部剪力比不大于 0.5 时，建筑物层数、总高度、最大高宽比和其余抗震措施可适当降低，可实现提高建筑的最大适用高度，但最大降低幅度不超过 1 度。

砖混建筑由于墙体自重大，结构刚度也大，但砌体材料强度低，同时承重结构兼围护结构的砌体为脆性材料，承受变形能力差等对抗震不利的弱点，在历次强震中，损坏及倒塌比率均高于其他类型结构。但合理采用隔震技术的砌体结构，对提高这种适用高度本身不高，高宽比也不大的典型剪切振型的结构，减震效果却十分明显。因此，无论是新建还是加固改造方面，隔震技术在砌体结构上大有用武之地。

● **《建筑抗震设计规范》GB 50011—2010（2016 年版）**

12.2.7 隔震结构的隔震措施，应符合下列规定：

　　2 隔震层以上结构的抗震措施，当水平向减震系数大于 0.40 时（设置阻尼器时为 0.38）不应降低非隔震时的有关要求；水平向减震系数不大于 0.40 时（设置阻尼器时为 0.38），可适当降低本规范有关章节对非隔震建筑的要求，但烈度降低不得超过 1 度，与抵抗竖向地震作用有关的抗震构造措施不应降低。此时，对砌体结构，可按本规范附录 L 采取抗震构造措施。

L.2　砌体结构的隔震措施

L.2.1　当水平向减震系数不大于 0.40 时（设置阻尼器时为 0.38），丙类建筑的多层砌体结构，房屋的层数、总高度和高宽比限值，可按本规范第 7.1 节中降低一度的有关规定采用。

7.1.2　多层房屋的层数和高度应符合下列要求：

　　1　一般情况下，房屋的层数和总高度不应超过表 7.1.2 的规定。

表 7.1.2　房屋的层数和总高度限值（m）

房屋类别		最小抗震墙厚度（mm）	烈度和设计基本地震加速度										
			6		7				8				9
			0.05g		0.10g		0.15g		0.20g		0.30g		0.40g
			高度	层数	高度	层数	高度	层数	高度	层数	高度	层数	高度	层数
多层砌体房屋	普通砖	240	21	7	21	7	21	7	18	6	15	5	12	4
	多孔砖	240	21	7	21	7	18	6	18	6	15	5	9	3
	多孔砖	190	21	7	18	6	15	5	15	5	12	4	—	—
	小砌块	190	21	7	21	7	18	6	18	6	15	5	9	3

● **《建筑隔震设计标准》GB/T 51408—2021**

8.1.2　多层砌体建筑和底部框架-抗震墙建筑采用隔震设计时，应符合下列规定：

　　1　应优先采用横墙承重或纵横墙共同承重的结构体系。

　　2　对于隔震建筑的层数、总高度和最大高宽比，重点设防类建筑应满足抗震结构相应设防烈度的要求；当底部剪力比不大于 0.5 时，其抗震措施可适当降低，但最大降低幅度不超过 1 度；标准设防类隔震建筑底部剪力比不大于 0.5 时，建筑物层数、总高度、最大高宽比和其余抗震措施可适当降低，最大降低幅度不超过 1 度。

　　3　隔震层宜设置在基础或地下室结构与上部首层结构之间；对于底层或底部两层框架-抗震墙结构，当框架-抗震墙部分不超过建筑物总高度的三分之一时，隔震层可设置在框架-抗震墙顶部。

条文说明：

　　即使采用隔震技术，多层砌体建筑的建筑布置和结构体系也应符合抗震的基本原则，但考虑到上部结构的地震作用会明显减小，所以对于抗震墙最小厚度、层高、纵横墙的布置、横墙间距和墙段的局部尺寸限值等，较之抗震结构可适当放宽，但不超过抗震结构相应设防烈度降低一度的要求。

　　多层砌体建筑的抗震能力与房屋高度、层数有直接关系，虽然采用隔震技术后可大大降低上部结构的地震作用，但考虑到砌体材料的脆性性质，为稳妥起见，仅标准设防类建筑，且隔震结构的底部剪力比不大于 0.5，可按抗震结构相应设防烈度降低 1 度的要求。重点设防类建筑与抗震结构的要求相同。

☆　注意：砌体住宅的适用高度与层数，尚应满足居住建筑相应国家和地方标准的其他专业要求。

19

砌体结构橡胶隔震支座的布置有哪些要求？

答：采用橡胶支座的砌体隔震结构，橡胶支座布置原则如下：

1. 需在房屋四角及纵横墙交接处设置；

2. 须考虑设置转换构件；

3. 橡胶支座间距应合理。不宜间距过大，否则过大直径的隔震垫容易引起转换托梁及上部局部尺寸承接困难；也不宜间距过小，橡胶支座数量多，作用发挥不充分，经济性差。

需要考虑受力的合理性，同时也需综合考虑托墙梁截面、配筋以及隔震垫直径与成本的关系，考虑不同方案的经济性比较。基于以上布置原则的砌体结构示意见图 19-1、图 19-2。

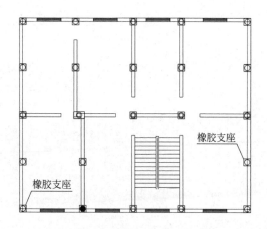

图 19-1　砌体结构隔震支座布置示意图

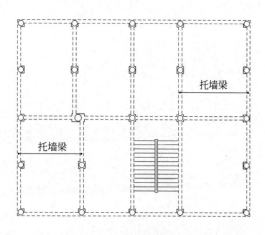

图 19-2　砌体结构托墙梁布置示意图

● **《建筑隔震设计标准》GB/T 51408—2021**

8.1.2 多层砌体建筑和底部框架-抗震墙建筑采用隔震技术时，应符合下列要求：

　　1 应优先采用横墙承重或纵横墙共同承重的结构体系。

8.2.2 多层砌体建筑的隔震层布置应符合下列规定：

　　1 外墙四角和对应转角部位应布置隔震支座，其余位置的隔震支座应结合隔震层顶部梁受力和隔震支座受力的情况合理布置；

2 隔震层位于地下室顶部时，隔震支座不宜直接放置在砌体墙上，否则应验算墙体的局部承压；

3 隔震层顶部纵、横梁大构造，应符合底部框架-抗震墙建筑的钢筋混凝土托墙梁的规定。

条文说明：

多层砌体建筑的隔震层相当于转换层，上部墙体荷载通过隔震层梁板传递给各隔震支座，隔震支座的布置应结合隔震层顶部梁受力和隔震支座受力的情况来确定。但结构房屋四角和对应转角部位处，应布置隔震支座。

隔震层顶部梁要转换上部结构墙体荷载，类似于底部框架-抗震墙建筑的钢筋混凝土托墙梁，故构造也应满足托墙梁的要求。

☆ 砌体隔震结构的橡胶隔震支座直径一般 500mm 左右，尺寸过大对于砌体构造尺寸方面的要求不宜解决。原《叠层橡胶支座隔震技术规程》CECS 126—2001 中隔震垫的 2000mm 间距要求也已取消。

20

底部框架-抗震墙砌体结构可以采用隔震技术吗？

答： 可以。

底部框架-抗震墙砌体结构竖向刚度分布不均匀，具有明确的分界线，是典型的"下柔上刚"的结构，在遭受地震作用时，破坏往往发生在底部框架结构，基于底部框架-抗震墙砌体结构的这一特点，结合隔震建筑的工作原理，底部框架-抗震墙砌体结构完全可以采用隔震技术。

底部框架-抗震墙砌体结构可采用基础隔震，也可采用层间隔震。无论是采用哪种隔震方案，相比较原底框结构，其结构底层、过渡层、顶层的层间位移角都产生了良好的减震效果，且高阶振型的影响不明显。

此外，隔震技术在底部框架-抗震墙砌体结构的加固方面也发挥了积极作用。因底框砌体结构被广泛应用于早期的城市规划设计中，尤其是老城区的沿街商铺，大多已不满足现行规范的相关要求。由于底框砌体结构建设时期相对较早，且国家对建筑抗震性能越来越重视，相关规范标准不断更新完善，加之底框砌体结构震害损伤巨大，越来越多的底框砌体结构面临加固问题，隔震技术成为有效的加固手段之一。在可实施性和维持原有建筑使用功能方面均体现了较大的优越性。

● **《建筑隔震设计标准》GB/T 51408—2021**

8.1.2 多层砌体建筑和底部框架-抗震墙建筑采用隔震设计时，应符合下列规定：

    3 隔震层宜设置在基础或地下室结构与上部首层结构之间；对于底层或底部两层框架-抗震墙结构，当框架-抗震墙部分不超过建筑物总高度的三分之一时，隔震层可设置在框架-抗震墙顶部。

8.1.3 底部框架-抗震墙砌体建筑采用基底隔震设计时，对于底层框架-抗震墙砌体结构，第二层计入构造柱影响的侧向刚度与底层侧向刚度的比值，抗震设防烈度 6、7 度时不应大于 2.0，抗震设防烈度 8 度时不应大于 1.5，且均不应小于 1.0；对于底部两层框架-抗震墙砌体结构，底层与底部第二层侧向刚度应接近，其第三层计入构造柱影响的侧向刚度与底部第二层侧向刚度的比值，抗震设防烈度 6、7、8 度时不应大于 1.5，且均不应小于 1.0。

8.3.1 多层砌体建筑和底部框架-抗震墙砌体建筑隔震设计应按设防烈度地震作用进行结构的承载力计算；底部框架-抗震墙砌体建筑尚应按罕遇烈度地震进行底部框架-抗震墙部

分的变形验算,弹塑性层间位移角限值应按本标准第 4 章的规定执行。

8.3.3 底部框架-抗震墙砌体建筑采用基底隔震设计时,底部框架-抗震墙砌体建筑的地震作用效应应按抗震结构的相关规定调整,上部砌体结构按本章节的规定进行设计;当采用层间隔震设计时,下部结构可采用框架,尚应符合本标准第 4.7 节的有关规定。

8.3.4 多层砌体建筑和底部框架-抗震墙砌体建筑抗震验算应按本标准第 4.4 节的相关规定进行,除下列指定的关键构件外,其余均应为普通构件:

(1) 砌体建筑和采用层间隔震的底部框架-抗震墙砌体建筑,关键构件应为隔震层梁和隔震层以上的首层墙体;

(2) 采用基底隔震垫底部两层框架-抗震墙砌体建筑,关键构件应为底部框架-抗震墙和第二层的墙体;

(3) 采用基底隔震垫底部两层框架-抗震墙砌体房屋,关键构件应为底部两层框架-抗震墙和第三层的墙体;

(4) 当需要进行竖向地震作用下的抗震验算时,砌体抗震抗剪强度的正应力影响系数宜减去竖向地震作用效应后的平均压应力取值。

☆ 对底部框架-抗震墙砌体结构隔震层设置位置的相关探讨,可参见问题 10 "基础隔震和层间隔震的特点分别是什么?"具体内容。

21

砌体结构和底部框架-抗震墙砌体结构的隔震建筑，哪些构件属于关键构件？

答：按照《建筑隔震设计标准》GB/T 51408—2021 进行隔震设计时，应按隔震层的位置，对砌体结构和底部框架-抗震墙结构的关键构件做定义，见表 21-1。

关键构件定义　　　　　　　　　　　　　　表 21-1

结构类型	隔震层位置	关键构件
砌体结构	基底隔震	隔震层梁、隔震层以上首层墙体
底部框架-抗震墙砌体结构	层间隔震	隔震层梁、隔震层以上首层墙体
底部一层框架-抗震墙砌体结构	基底隔震	底部框架-抗震墙、第二层的墙体
底部两层框架-抗震墙砌体结构	基底隔震	底部两层框架-抗震墙、第三层的墙体

对于砌体结构和采用层间隔震的底部框架-抗震墙结构，隔震层顶部梁的作用为转换上部结构墙体荷载，支撑着上部结构并保证上部结构安全，是关键构件；同时，隔震层以上的首层墙体承担了整个结构大部分水平剪力，若隔整层梁或隔震层以上的首层墙体失效，都可能引起结构的连续破坏，甚至危及生命安全，所以将其定义为关键构件来设计，其他构件均为普通构件。

对于采用基底隔震的底部框架-抗震墙结构，无论底部框架是一层还是两层，底部框架-抗震墙的钢筋混凝土墙承担了底部框架部分大部分剪力，而上部结构的首层砌体墙则承担了上部结构的大部分剪力，两者均对整体结构的安全起着重要作用，因此也作为关键构件来设计。

● 《建筑隔震设计标准》GB/T 51408—2021

8.3.4　多层砌体建筑和底部框架-抗震墙砌体建筑抗震验算应按本标准第 4.4 节的相关规定进行，除下列指定的关键构件外，其余均应为普通构件：

（1）砌体建筑和采用层间隔震的底部框架-抗震墙砌体建筑，关键构件应为隔震层梁和隔震层以上的首层墙体；

（2）采用基底隔震的底部框架-抗震墙砌体建筑，关键构件应为底部框架-抗震墙和第二层的墙体；

（3）采用基底隔震的底部两层框架-抗震墙砌体建筑，关键构件应为底部框架-抗震墙和第三层的墙体。

22

村镇低层房屋有哪些简易隔震技术可以运用？

答：村镇低层房屋可采用基础隔震技术，简易和低造价的隔震大致可分为三种：1. 简易橡胶隔震支座；2. 基础滑移隔震；3. 复合隔震。

我国村镇住宅多以低层砌体结构为主，且人口分布较广，地震活动较为频繁，村镇民宅的抗震性能已得到国家重视，《建设工程抗震管理条例》国务院令第 744 号第四章专门针对农村工程抗震设防提出了相关要求。但村镇的经济条件及施工条件都相对落后，需要寻找一种既适合农村住宅房屋特点又经济可行的减震方法。普通的叠层橡胶隔震支座虽然已被证实能有效改善上部结构的抗震性能，但其制作流程、生产成本及施工运输对于村镇而言并不适合。也就是说叠层橡胶隔震支座用于村镇成本偏高，而性能又得不到充分发挥。所以需要结合实际情况，研究一种低成本的，且能够满足村镇房屋抗震需求的隔震技术。

目前，针对村镇底层砌体房屋的隔震研究已经有了大量研究成果，且得到实际应用。

第一种简易橡胶隔震支座是在传统叠层橡胶支座的基础上，将其轻型化、小型化。具体实施办法是调整隔震支座形状系数，大于现行规程建议值 [规范要求 S_1（第一形状参数）不宜小于 15，S_2（第二形状参数）不宜小于 5]，使之既满足村镇低矮砌体结构房屋的隔震性能，又可明显降低成本，减轻自重，方便施工运输及安装。一种适用于村镇砌体房屋的低造价新型隔震装置——纤维橡胶隔震砖，采用纤维橡胶隔震砖装置的 1/2 比例制作了村镇砌体房屋模型（图 22-1），与同比例的非隔震砌体房屋模型进行模拟地震振动台对比试验，采用 SAP2000 对试验模型进行了数值模拟，分析了带纤维橡胶隔震支座的隔震结构和非隔震结构在（7～9）度地震作用下的地震反应，研究表明，带纤维橡胶隔震砖装置的结构模型在 9 度地震后房屋完好无损，而非隔震砌体房屋模型在 9 度地震作用下，出现了贯通裂缝，破坏严重[22-1]。该纤维橡胶隔震砖表现出很好的隔震性能，且价格优势明显，施工也更加简便，适用于广大村镇低层砌体房屋的隔震设计。

第二种基础滑移隔震是采用砂、石墨等材料，铺设在基础底的一种隔震方式。通过 1/2 缩尺的带砂垫层隔震的两层砖砌体结构模型的模拟地震振动台试验，在大震作用下，上部结构完好无损，隔震效果良好[22-2]。带约束砂垫层隔震砖砌体结构的模拟地震振动台试验，得到良好滑移隔震效果。该隔震技术在浙江省平湖市广陈镇农村抗震示范工程中应用，并对试点建筑进行了人工激振的响应测试，研究显示采用封闭式约束砂垫层隔震效果良好[22-3]。一种玻璃丝布-石墨隔震层砌体房屋，通过单层砌体结构隔震体系与抗震体系的模拟地震振动台比较试验表明：提出的基础滑移隔震结构构造简单，成本低；在此基础上增加限位装置可有效限制上下基础梁间相对位移[22-4]，该隔震技术已经在福建泉州某小学综合楼工程中应用，见图 22-2。

图 22-1　纤维橡胶隔震砖装置的 1/2 砌体房屋模型　　　图 22-2　滑移隔震层施工

　　基础滑移隔震具有隔震效果好、成本低、取材便利、耐久性佳等优点，缺点是震后不宜复位，既要考虑过大滑移限位，又要考虑滑移过程减小阻力，这一矛盾仍是今后进一步研究该隔震方法的关键技术问题。

　　第三种复合隔震是在隔震层采用沥青和钢筋组合的隔震装置。以刚体质量块代替体量较大、刚度也较大的砌体结构，进行钢筋-沥青复合隔震层的模拟地震振动台试验，研究隔震层在不同高度及不同加速度幅值输入下的动力特性、相对位移、加速度反应，研究表明隔震效果较好，该隔震技术已用于某 3 层农村民居隔震结构[22-5]。SBS 改性沥青也用以研究是否可作为村镇建筑的隔震装置，通过对其竖向性能和水平性能的研究表明：该隔震支座有一定的竖向承载力，水平滞回曲线饱满，造价低施工简便。复合隔震技术综合利用了沥青等柔性材料可提供一定回复力以及滑移层滑动滞回耗能的特性，在一定程度上发挥了两种材料的优势，效果良好。不足之处是施工相对复杂一些，不同材料复合使用需注意其稳定工作性能[22-6]。罕遇地震下复合隔震在村镇建筑中也得到了分析验证。通过对复合隔震结构、滑移隔震结构、砂垫层隔震结构以及传统的砌体结构四种模型，在不同滑移层摩擦系数及不同地震烈度下的加速度、位移及底部剪力等动力响应差异的分析，复合隔震体系具有优良的隔震效果，且地震烈度越大，滑移层摩擦系数越小，隔震效果越好[22-7]。

　　除以上所述之外，在此三种隔震技术的基础上，国内外学术专家还研究出很多延伸隔震技术，例如利用聚四氟乙烯板和粗干砂作为滑移隔震层[22-8]；由上、下钢板和中间石墨涂层 3 部分叠合而成的滑移支座[22-9]；带限位钢棒夹层橡胶隔震垫[22-10]；均表现出良好的试验效果。工程塑料板橡胶隔震支座通过系统的力学性能试验，已用于某 3 层砌体抗震示范楼[22-11]。研究成果较多，限于篇幅此处不一一列举，具体内容读者可参考相关文献。

● 《建设工程抗震管理条例》国务院令第 744 号（国家法规）

第四章　农村建设工程抗震设防

第二十四条　各级人民政府和有关部门应当加强对农村建设工程抗震设防的管理，提高农村建设工程抗震性能。

第二十五条　县级以上人民政府对经抗震性能鉴定未达到抗震设防强制性标准的农村村民住宅和乡村公共设施建设工程抗震加固给予必要的政策支持。

实施农村危房改造、移民搬迁、灾后恢复重建等，应当保证建设工程达到抗震设防强制性标准。

第二十六条　县级以上地方人民政府应当编制、发放适合农村的实用抗震技术图集。

农村村民住宅建设可以选用抗震技术图集，也可以委托设计单位进行设计，并根据图集或者设计的要求进行施工。

第二十七条　县级以上地方人民政府应当加强对农村村民住宅和乡村公共设施建设工程抗震的指导和服务，加强技术培训，组织建设抗震示范住房，推广应用抗震性能好的结构形式及建造方法。

● 《建筑隔震设计标准》GB/T 51408—2021

条文说明：

11.1.1　本章适用于采用简易隔震支座作为隔震层的村镇民居建筑，即村镇地区不超过 3 层的框架结构和砌体结构房屋。简易隔震支座一般为质量较轻、无须使用起重设备施工、无须采用复杂连接构造的隔震支座。其造价普遍较低，外观形状可为矩形或圆形。简易隔震支座平面尺寸一般与砌体厚度一致或略大，长边不限。

11.2.5　……隔震层构造可参照图 3。

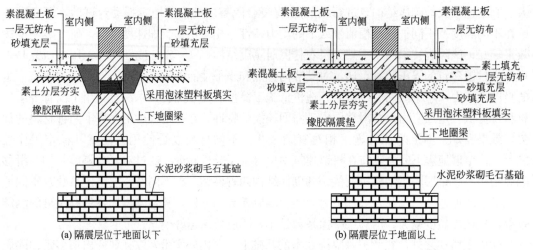

(a) 隔震层位于地面以下　　　　(b) 隔震层位于地面以上

图 3　隔震层构造示意图

参考文献：

[22-1] 黄襄云，周福霖，曹京源，等．纤维橡胶隔震结构模拟地震振动台试验研究及仿真分析 [J]．广州大学学报：自然学科版，2010，9，(5) 21-26.

[22-2] 周福霖．建筑结构减震控制新体系 [J]．自然灾害学报，1995，4 (增刊)：235-247.

[22-3] 李立．建筑物的滑动隔震-隔震技术的研究与应用 [M]．北京：地震出版社，1991：23-31.

[22-4] 钱国桢，许哲，熊世树，等．约束砂垫层隔震试点工程介绍 [J]．浙江建筑，2013，3 (10)：

13-16.

[22-5] 曹万林，周中一，王卿，等．农村房屋新型隔震与抗震砌体振动台试验研究 [J]．振动与冲击，2011，30 (11)：209-213.

[22-6] 尚守平，姚菲，刘可，等．一种新型隔震层的构造及其振动台试验研究 [J]．土木工程学报，2011，44 (2)：36-41.

[22-7] 付杰，熊世树，杨华荣，SBS 改性沥青隔震支座性能及其应用研究 [J]．土木工程与管理学报，2013，30 (4)：44-48.

[22-8] 张佳明，袁康，李英民，等．罕遇地震下村镇建筑复合隔震系统的地震响应特征及设计参数 [J]．世界地震工程，2018，34 (3)：52-60.

[22-9] Ahmad. S Ghani H，Adil M R. Seismic friction base isolation performance using demolished waste in masonry housing [J]. Construction and Building Materials，2009，23 (1)：146-152.

[22-10] 张文芳，程文，税国斌，等．九层房屋基础滑移隔震的试验、分析及应用研究 [J]．建筑结构学报，2000，21 (3)：60-68.

[22-11] 赵世峰，程文瀼，张富有，等．带限位钢棒夹层橡胶隔震垫的特征与工程应用 [J]．特种结构，2001，18 (4)：18-19.

[22-12] 谭平，徐凯，王斌，等．基于新型简易隔震支座的村镇建筑隔震性能研究 [J]．土木工程学报，2013，46 (5)：64-70.

[22-13] 王斌，谭平，徐凯，等．新型纤维增强工程塑料板夹层橡胶隔震支座力学性能试验研究 [J]．土木工程学报，2012，4 (增 1)：187-191.

23

隔震技术是否适用于所有既有建筑的抗震加固?

答:不是。

是否能采用隔震技术对既有建筑进行抗震加固,需要根据既有建筑的场地条件、建筑使用功能要求、经济性等因素综合考虑,并不是所有既有建筑均适合采用隔震技术进行抗震加固。以下为不能采用隔震技术进行加固的既有建筑:

1. 既有建筑本身适合采用隔震技术进行抗震加固,但现有环境条件不容许,如:拟加固既有建筑相邻周边缺乏满足隔震建筑平动空间尺寸的既有建筑;建筑下部无法完成和满足设置隔震层的空间和施工条件的,都无法采用隔震技术进行既有建筑抗震加固。

2. 既有建筑本身就不适合采用隔震技术进行抗震加固,如前文所指出的:

(1) 风荷载和其他水平荷载标准值产生的总水平力超过结构总重力10%的既有建筑;

(2) 建设场地为危险地段上的既有建筑;

(3) 建筑在设置隔震层后,存在无法解决支座抗拉和本身抗倾覆问题的;

(4) 建筑功能要求限制,如对振动十分敏感,对振动有特殊限制要求的建筑等。

另外,根据《建设工程抗震管理条例》国务院令第744号第二十一条中八大类建筑,是要求抗震加固优先采用隔减震技术的,如建筑存在上述所列情况的,不采用隔震技术,必要条件之一是需经过充分论证,不适合采用隔震技术,可以采用减震或其他传统抗震加固技术进行抗震加固。

例如一栋砌体结构小学教学楼,体型较长设缝分为三段,经鉴定后必须进行加固。由于砌体结构本身不适用采用减震技术加固,同时现有抗震缝宽度又确实无法满足设置隔震缝的宽度要求,那么这个砌体结构小学教学楼就可以不采用隔减震技术,而采用其他抗震技术进行抗震加固。如果该建筑同时又位于高烈度设防地区或地震重点监视防御区,上述不采用隔减震技术的结论,尚需经过专家充分论证,方可满足相关政策法规要求。

此外,对建筑的抗震加固,如果各项技术都适用,是采用隔震技术还是采用减震技术和传统加固技术等,需就建筑本身的特点和性能要求以及经济性进行比较,择优选取(《建设工程抗震管理条例》国务院令第744号规定的八类建筑除外)。

● 《建设工程抗震管理条例》国务院令第744号 (国家法规)

第二十一条 建设工程所有权人应当对存在严重抗震安全隐患的建设工程进行安全监测,并在加固前采取停止或者限制使用等措施。

对抗震性能鉴定结果判定需要进行抗震加固且具备加固价值的已经建成的建设工程,所有权人应当进行抗震加固。

位于高烈度设防地区、地震重点监视防御区的学校、幼儿园、医院、养老机构、儿童福利机构、应急指挥中心、应急避难场所、广播电视等已经建成的建筑进行抗震加固时,应当经充分论证后采用隔震减震技术,保证其抗震性能符合抗震设防强制性标准。

☆ 注意,即使采用隔震技术对既有建筑进行抗震加固,《建筑隔震设计标准》GB/T 51408—2021 对加固采用的性能目标仍为"小震不坏、中震可修、大震不倒",与该标准新建建筑的"中震不坏、大震可修、极大震不倒"性能目标不一样。

24

既有建筑采用隔震加固时，隔震层如何实现？

答：既有建筑采用隔震加固时隔震层通常采用托换技术来实现。

根据隔震结构的机理，既有建筑的隔震加固需要设置隔震层。由于隔震层特有的构造要求，需要将通过隔震层的竖向构件切断并托换，在切除竖向构件和置换隔震支座的过程中，必须进行托换设计，采用托换结构支撑上部结构的重量，并将其传递至基础，必要时基础须扩大并加固。

托换结构的设计是采用隔震技术进行结构加固的关键环节，《建筑隔震设计标准》GB/T 51408—2021 附录 E 提供了既有建筑加固墙体和柱的托换方法，供实际工程参考。目前可采用的托换技术有外加钢结构托换、外加混凝土结构托换，国外尚有专业托换机械设备；托换的结构形式有托换梁、托换牛腿、托换承台、翼墙等，托换结构须按计算确定。托换结构的设计首先要保证托换构件的承载力满足计算要求，其次要防止后浇混凝土与柱粘结失效，产生较大滑移而破坏，所以在进行承载力计算时，还须进行界面滑移验算[24-1]。

托换流程大致为：施工托换结构（考虑托换结构与原结构的连接）→施工隔震支墩→安装隔震支座→去除托换结构。以一个框架结构采用托换台及上翼缘墙的托换方式为例，首先需将原有框架柱底凿毛及植筋，新作的隔震支座托换台及上部托换翼墙，待二者强度达标后采用千斤顶及辅助支撑支承上部结构，然后切断原框架柱底段，安装隔震支座，而后施工隔震支座的上下支墩，达到一定强度后撤出千斤顶及临时支撑，最后去除托换翼墙，完成托换流程。需要注意的是施工上支墩时须预留足够的隔震层顶梁板空间一般至少须预留 800mm。

此外，在整个施工过程中，需要考虑托换的施工工序，保证整体结构安全，同时需进行全程变形观测，除进行隔震支座必须的竖向变形观测外，尚应对上部结构进行变形观测，以确保上部结构不会因局部沉降和发生倾角而影响整体结构的安全。

《建筑隔震设计标准》GB/T 51408—2021 附录 E 中已提供了框架柱托换示意（含型钢混凝土托换节点）。图 24-1 为混凝土加翼墙的托换节点，供参考。

● 《建筑隔震设计标准》GB/T 51408—2021

10.1.5　既有建筑进行隔震加固，可采用加强结构抗震整体性的构造措施。历史建筑进行隔震加固，上部结构不宜做明显改动。

10.2.7　上部结构的竖向荷载应通过隔震层有效地传递给下部结构及基础。对于承重墙

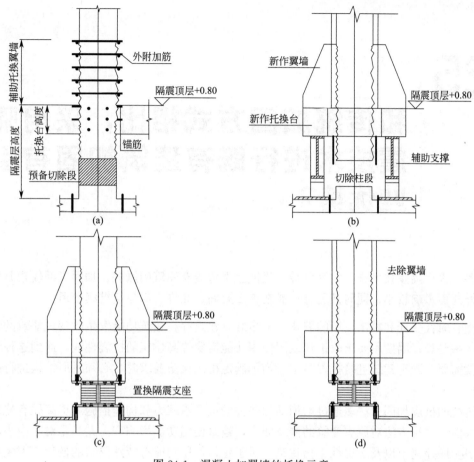

图 24-1　混凝土加翼墙的托换示意

体、填充墙体及带有构造柱的墙体托换，可选择钢筋混凝土单梁或双夹梁托换。对于框架柱的荷载托换，可选择钢筋混凝土托换节点或型钢混凝土托换节点，并应与原框架柱通过植筋、后浇混凝土等措施有效传递剪力。托换梁或节点应与隔震层楼板形成整体。相关托换方法可参考附录 E。

10.2.8　当原基础埋深较浅不便于隔震层设置时，可采用变截面梁或增设支点的方式，减小梁高以便于隔震支座的设置。

10.2.9　隔震层楼板宜在同一标高，当存在错层时，应加强错层部位的构造措施。多栋单体整体隔震时，连接两个单体的隔震层应做局部加强。

10.2.10　隔震加固时，应考虑上部结构及隔震层的荷载变化，以及传力途径的改变，并对原有地基基础进行承载力复核。

☆　施工方案的制定可参照地基基础托换的工序要求。

参考文献：

[24-1] 山东建筑大学，烟建集团有限公司 . JGJ/T239—2011 建（构）筑物移位工程技术规程 [S] . 北京：中国建筑工业出版社，2011.

[24-2] 李爱群，吴二军，高仁华 . 建筑物整体迁移技术 [M] . 北京：中国建筑工业出版社，2006.

25

和传统加固方式相比，采用隔震技术进行既有建筑加固有哪些优势？

答： 采用隔震技术进行加固可最大程度上保持既有建筑的原貌，加固工期较短且对建筑内外立面影响较小，同时甚至有可能在施工期间，允许上部建筑继续使用。

随着时代变迁和城市发展的需要，很多既有建筑存在建筑功能发生改变、建筑的后续使用年限延长、因使用要求改扩建或因使用功能需要提高建筑的抗震性能，遇到这种情况时，就需要对既有建筑进行抗震鉴定，当不满足抗震设防要求时，必须对原结构进行抗震加固。

传统的抗震加固方法多通过增加结构构件的抗震承载力和构造措施来提高原有建筑的抗震性能，这种方法对原有建筑的涉及面大，建筑使用功能影响广。尤其是对于中小学校舍、卫生医疗建筑以及历史性文物建筑。对于建筑使用功能有特殊要求的校舍、卫生类建筑，采用传统方式往往难以满足现行建筑规范要求，而历史性文物建筑采用传统方式很难真实地保持原有风貌。想要在尽可能不改变原有构件的前提下满足结构安全，只能通过减少地震能量的输入，即减少构件所承担的地震作用力来实现，隔震技术恰恰可以做到。

随着隔震技术的日趋完善，其经济性也逐渐显现，不再像隔震技术发展初期受技术及施工等多方面因素影响，通过近几年来既有建筑加固的应用调研，合理设计的隔震加固工程的造价与传统加固方法相当，考虑工期、内外部装修等综合因素，隔震加固方式的经济性更加突出，对于不可再生的历史文物建筑而言，意义尤为显著。

隔震加固技术也存在一些约束条件，由于隔震建筑必须设置隔震缝，对于有相邻建筑的既有建筑加固就存在限制条件，所以隔震加固技术也有其适用条件，需要综合考虑结构材料强度、结构形式、高宽比、平面布置、基础埋深、相邻建筑等诸多因素，因此在选择隔震加固方案时，应做具体分析。

隔震加固技术的优势明显，且能有效地减少地震对上部既有建筑的作用，大大减少了上部结构的加固量，甚至可以不加固，最大程度上保持原有建筑原貌，施工工序安排合理，可做到不间断上部建筑的使用，隔震加固技术在高烈度地区的经济性更加明显。

此外，对于具有历史意义的标志性建筑，采用隔震技术加固方案，可最大限度地保留建筑原貌，使得建筑经典流传更加久远。如：现已"八十多岁高龄"的长高了3m的南京博物院老大殿（图25-1）以及建于1959年由柯布西耶设计的具有代表性的东京国立西洋美术馆（图 25-2），通过隔震技术加固改造，为世人完好地保留下了历史建筑经典。

图 25-1 南京博物院老大殿

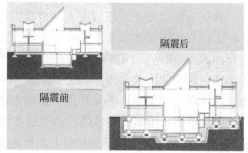

图 25-2 日本国立西洋美术馆

●《建筑隔震设计标准》GB/T 51408—2021

10.1.1 本章适用于经鉴定不满足抗震设防要求的既有建筑及历史建筑的隔震加固设计。

条文说明：

10.1.1 既有建筑，指已竣工验收的建筑；历史建筑，指经市、县人民政府确定公布的具有一定保护价值，能够反映历史风貌和地方历史特色的建筑；文物建筑，指历史建筑中具有一定文物价值的建筑。

在国家标准《建筑抗震设计规范》GB 50011—2010（2016 年版）中，混合结构、砖木结构等结构形式已不再列入，但在目前我国的加固实践中，这几类结构形式仍会遇到，尤其是对于中小学校舍以及文物建筑。此时，隔震技术仍是一种有优势的可选方案，具体应经专项论证后实施。

10.1.2 在美国、日本、意大利、葡萄牙等国家，隔震技术已在办公楼、医院、文物建筑等加固工程中已有不少成功实践。我国近年来也有一些中小学校舍、医院和文物建筑采用了隔震加固。由于隔震加固技术影响范围小（主要集中于建筑首层），工期较短且对建筑内外立面影响较小，因此在其适用范围内具有较为突出的优势。

26 | 砌体结构如何采用隔震技术加固改造？

答：砌体结构的隔震加固一般通过墙体托换，在基础面设置隔震层和隔震支座来实现。

现抗震鉴定存在重建难度大、涉及面广的多层砌体住宅结构，在无法拆除重建的情况下，大部分砌体结构面临需要采取加固方式提升其抗震性能的情况。当采用传统加固方法进行加固改造时，通常因加固影响面广、建筑面积缩水大、外立面破坏严重、加固期间居民无法正常使用以及传统加固会不同程度影响建筑原功能等原因，难以满足改造期望达到的建筑使用功能要求。若采用隔震加固方法可最小化上述不利影响。

砌体结构采用隔震技术进行加固的方法为在基础面设置隔震层。《建筑隔震设计标准》GB/T 51408—2021 给出了如何对上部承重墙进行托换的方法，可选择钢筋混凝土单梁或双夹梁托换。单梁或双夹梁和隔震层之间的楼板共同形成一个刚性整体，作为上部结构的有效支撑。托换梁作为新增的加固构件，与墙体可靠连接，整体现浇，必须能够有效传递上部结构荷载、与上部结构共同工作。因此托换梁是砌体结构采用隔震技术进行加固的关键。接着可进行基础加固工作，之后在基础面进行隔震支座的安装，拆除托换梁下的墙体，最后完成隔震层混凝土构件的浇筑。在进行安装的过程当中需要保证支座和其中的连接有效可靠。

● **《建筑隔震设计标准》GB/T 51408—2021**

附录 E　既有建筑加固墙体和柱顶托换方法

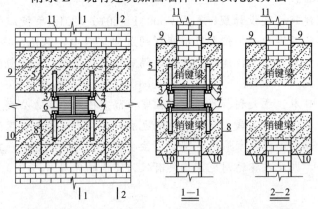

图 E.0.1-1　双夹梁墙体托换及隔震支座安装示意图

1—隔震支座；2—连接螺栓；3—连接板（上）；4—预埋钢板（上）；5—上支墩；
6—连接板（下）；7—预埋钢板（下）；8—下支墩；9—上托换梁；10—下托换梁；11—原墙体

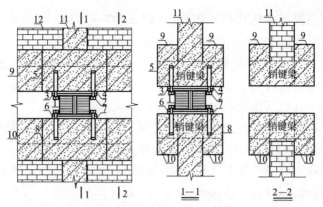

图 E.0.1-2 双夹梁构造柱托换及隔震支座安装示意图

1—隔震支座；2—连接螺栓；3—连接板（上）；4—预埋钢板（上）；5—上支墩；6—连接板（下）；
7—预埋钢板（下）；8—下支墩；9—上托换梁；10—下托换梁；11—原构造柱；12—原墙体

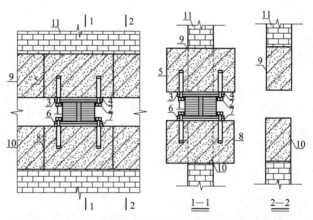

图 E.0.1-3 单梁墙体托换及隔震支座安装示意图

1—隔震支座；2—连接螺栓；3—连接板（上）；4—预埋钢板（上）；5—上支墩；
6—连接板（下）；7—预埋钢板（下）；8—下支墩；9—上托换梁；10—下托换梁；11—原墙体

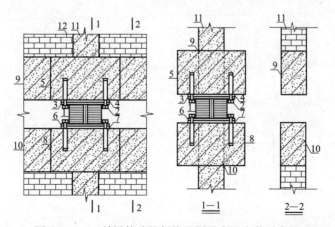

图 E.0.1-4 单梁构造柱托换及隔震支座安装示意图

1—隔震支座；2—连接螺栓；3—连接板（上）；4—预埋钢板（上）；5—上支墩；6—连接板（下）；
7—预埋钢板（下）；8—下支墩；9—上托换梁；10—下托换梁；11—原构造柱；12—原墙体

● **《既有砌体结构隔震支座托换技术规程》CECS 387—2014**

3.1.1 采用基础隔震加固的既有砌体结构宜为独栋建筑。

3.1.2 隔震托换技术适用于比抗震设防烈度低一度的既有砌体结构。砌体结构进行隔震支座托换前，应根据结构抗震设防类别、场地条件和使用要求等，对基础隔震方案进行技术和经济综合分析，并与其他抗震加固方法进行比较后确定。

3.1.3 隔震支座托换工程的设计计算应符合现行国家标准《建筑抗震设计规范》GB 50011、《砌体结构设计规范》GB 50003、《混凝土结构加固设计规范》GB 50367 和现行协会标准《叠层橡胶支座隔震技术规程》CECS 126：2001 等的有关规定。

4.1.1 隔震支座托换工程施工前应编制施工组织设计及专项施工方案。

☆ 无地下室的砌体结构，一般需要加设一层隔震层顶板。

27

采用隔震技术对既有砌体结构进行加固的施工流程如何?

答: 采用隔震技术对既有砌体结构进行加固的施工流程按图 27-1 步骤进行。

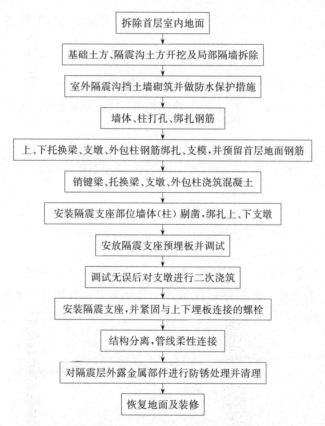

拆除首层室内地面

基础土方、隔震沟土方开挖及局部隔墙拆除

室外隔震沟挡土墙砌筑并做防水保护措施

墙体、柱打孔、绑扎钢筋

上、下托换梁、支墩、外包柱钢筋绑扎、支模,并预留首层地面钢筋

销键梁、托换梁、支墩、外包柱浇筑混凝土

安装隔震支座部位墙体(柱)剔凿,绑扎上、下支墩

安放隔震支座预埋板并调试

调试无误后对支墩进行二次浇筑

安装隔震支座,并紧固与上下埋板连接的螺栓

结构分离,管线柔性连接

对隔震层外露金属部件进行防锈处理并清理

恢复地面及装修

图 27-1 采用隔震技术对既有砌体建筑进行加固的施工流程图

施工流程可结合工程情况和现场条件进行穿插流水作业,以缩短工期。

采用墙体托换结构的施工应满足以下要求:

1. 严格根据设计图纸,进行现场测量放线,确定墙体开洞的位置;

2. 销键梁钢筋伸出墙外的长度应满足钢筋在混凝土中的锚固要求;

3. 销键梁的混凝土浇灌应与各托换梁同时进行,混凝土振捣应密实;销键梁、墙体、托换梁、支墩应形成整体;

4. 隔震沟混凝土顶板钢筋可与托换梁钢筋同时绑扎，或在托换梁中按设计要求预留隔震沟混凝土顶板钢筋；

5. 下支墩的钢筋应与加固基础梁钢筋同时绑扎，并满足锚固长度要求；

6. 加固基础梁钢筋及下支墩钢筋绑扎完成后，按几何尺寸支模，检查无误后进行混凝土浇灌。

采用柱托换结构的施工，除应满足上述墙体托换相同要求外，尚需注意：

1. 严格根据设计图纸，进行现场测量放线，确定柱托换用的型钢牛腿位置；

2. 原结构柱在托换位置需要刻凹槽，增加型钢牛腿的抗剪性能；

3. 当采用型钢加固托换时，型钢与原结构柱间空隙中的混凝土应浇筑、振捣密实；保证原结构柱、型钢、混凝土、抗剪棒等形成一个整体；

4. 隔震沟混凝土顶板钢筋可与上支墩钢筋同时绑扎，或在上支墩中按设计要求预留隔震沟混凝土顶板钢筋；

5. 下支墩的钢筋应与加固基础梁钢筋同时绑扎，并满足锚固长度要求；

6. 加固基础的钢筋及下支墩钢筋绑扎完成后，按几何尺寸支模，检查无误后进行混凝土浇灌。

结构分离及安装隔震支座的施工应满足下列要求：

1. 分区分批切断准备安放隔震支座处的墙体（包括构造柱）和框架柱，并做支撑保护；

2. 在下支墩处安装隔震支座的下预埋钢板，将预埋钢板螺栓和下支墩钢筋进行有效连接，确保浇灌混凝土时不移位、不变形，并校准预埋钢板的标高和水平度，经检查无误后进行下支墩混凝土的二次浇灌；

3. 安装上部预埋钢板及螺栓，将预埋钢板螺栓和上支墩钢筋进行有效连接，确保浇灌混凝土时不移位、不变形，经检查无误后进行上支墩混凝土的二次浇灌；

4. 待混凝土达到一定强度时，方可进行隔震支座安装。

施工前需要在隔震层周边设置沉降观测点，各观测点之间距离不宜过大，宜控制在15m 以内。当有抗震缝时，缝两侧须各布置一个观测点。直到竣工验收之后沉降观测须持续进行，直到竖向变形静止。

28

采用隔震技术加固的建筑，后续使用年限如何考虑？

答：采用隔震技术加固的建筑，确定其后续使用年限主要依据业主需要、设计实际需要及实施可行性确定。

剩余使用年限不大于 **30** 年的建筑，后续使用年限不得少于 **30** 年；

剩余使用年限大于 **30** 年且不大于 **40** 年的建筑，后续使用年限不得少于 **40** 年；

剩余使用年限不大于 **40** 年的建筑，后续使用年限宜采用 **50** 年；

剩余使用年限为 **50** 年的建筑，应符合现行国家标准《建筑抗震设计规范》**GB 50011** 的规定。

加固建筑的后续使用年限与抗震鉴定标准要求相关，建筑抗震鉴定结果也是进行抗震加固设计的主要依据，《建筑抗震鉴定标准》GB 50023—2009 对现有建筑抗震鉴定的后续工作年限规定如下：在 20 世纪 70 年代及以前建造经耐久性鉴定可继续使用的现有建筑，其后续使用年限不应少于 30 年；在 20 世纪 80 年代建造的现有建筑，宜采用 40 年或更长，且不得少于 30 年；在 20 世纪 90 年代（按当时施行的抗震设计规范系列设计）建造的现有建筑，后续使用年限不宜少于 40 年，条件许可时应采用 50 年；在 2001 年以后（按当时施行的抗震设计规范系列设计）建造的现有建筑，后续使用年限宜采用 50 年。实际可理解为是按当时设计采用的抗震规范相应标准，划分了三段，即采用 1978 年版抗震规范设计的建筑（70 年代及以前建造）使用年限不少于 30 年；采用 1989 年版抗震规范设计的建筑（90 年代建造）使用年限不少于 40 年，采用 2001 年版抗震规范设计的建筑（2001 年以后建造）使用年限不少于 50 年。

2022 年 4 月 1 日实施的《既有建筑鉴定与加固通用规范》GB 55021—2021 要求了既有建筑结构改造应明确改造后的后续设计工作年限。通用规范将其分为了三类建筑，与《建筑抗震鉴定标准》GB 50023—2009 分类基本一致：A 类建筑（后续使用年限 30 年以内含 30 年的建筑）、B 类建筑（后续使用年限 30 年以上至 40 年以内含 40 年的建筑）及 C 类建筑（后续使用年限 40 年以上至 50 年以内含 50 年的建筑）。首次在正文明确了 A、B 类建筑抗震鉴定时，可采用按年限折减后的地震作用进行承载力好变形验算，并允许采用现行标准调低的要求进行抗震措施核查，但不应低于原建造时的抗震设计要求；同时对 C 类建筑，应按照现行标准的要求进行抗震鉴定；当限于技术条件，难以按现行标准执行时，允许调低其后续工作年限，并按 B 类建筑的要求从严进行处理。给 C 类建筑抗震鉴定和加固开了一个调低后续使用年限的路径，需注意是"限于技术条件"下，难以按现行标准执行时，鉴定加固人员需重视。

《建筑隔震设计标准》GB/T 51408—2021 对采用隔震技术加固设计的既有建筑的后续使用年限的规定，与《既有建筑鉴定与加固通用规范》GB 55021—2021 保持一致。首先既有建筑后续使用年限不得少于建筑剩余使用年限，对剩余使用年限不大于 30 年的建筑，后续使用年限不得少于 30 年；剩余使用年限大于 30 年且不大于 40 年的建筑，后续使用年限不得少于 40 年；剩余使用年限不大于 40 年的建筑，后续使用年限宜采用 50 年；剩余使用年限为 50 年的建筑，应符合现行国家标准《建筑抗震设计规范》GB 50011 的规定。

● **《建筑工程抗震管理条例》国务院令第 744 号**

第二十二条 抗震加固应当依照《建设工程质量管理条例》等规定执行，并符合抗震设防强制性标准。

竣工验收合格后，应当通过信息化手段或者在建设工程显著部位设置永久性标牌等方式，公示抗震加固时间、后续使用年限等信息。

● **《既有建筑鉴定与加固通用规范》GB 55021—2021**

2.0.4 既有建筑的鉴定与加固应符合下列规定：（强条）

2 既有建筑的加固应进行承载力加固和抗震能力加固，且应以修复建筑物安全使用功能、延长其工作年限为目标；

5.1.1 既有建筑的抗震鉴定，应首先确定抗震设防烈度、抗震设防类别以及后续工作年限。（强条）

5.1.2 既有建筑的抗震鉴定，应根据后续工作年限采用相应的鉴定方法。后续工作年限的选择，不应低于剩余设计工作年限。（强条）

5.1.3 既有建筑的抗震鉴定，根据后续工作年限应分为三类：后续使用年限为 30 年以内（含 30 年）的建筑，简称 A 类建筑；后续工作年限为 30 年以上 40 年以内（含 40 年）的建筑，简称 B 类建筑；后续工作年限为 40 年以上 50 年以内（含 50 年）的建筑，简称 C 类建筑。（强条）

5.1.4 A 类和 B 类建筑的抗震鉴定，应允许采用折减的地震作用进行抗震承载力和变形验算，应允许采用现行标准调低的要求进行抗震措施的核查，但不允许低于原建造时的抗震设计要求；C 类建筑，应按照现行标准的要求进行抗震鉴定；当限于技术条件，难以按现行标准执行时，允许调低其后续工作年限，并按 B 类建筑的要求从严进行处理。（强条）

● **《既有建筑维护与改造通用规范》GB 55022—2021**

5.3.1 既有建筑结构改造应明确改造后的使用功能和后续设计工作年限。在后续设计工作年限内，未经检测鉴定或设计许可，不得改变改造后结构的用途和使用环境。（强条）

● **《建筑隔震设计标准》GB/T 51408—2021**

10.1.4 既有建筑加固后的后续使用年限，宜由业主和设计依据实际需要和实施可行性确定，并应符合下列规定：

1 既有建筑后续使用年限不得少于建筑剩余使用年限；

1）剩余使用年限不大于 30 年的建筑，后续使用年限不得少于 30 年；

2）剩余使用年限大于 30 年且不大于 40 年的建筑，后续使用年限不得少于 40 年；

3）剩余使用年限不大于 40 年的建筑，后续使用年限宜采用 50 年；

4）剩余使用年限为 50 年的建筑，应符合现行国家标准《建筑抗震设计规范》GB 50011 的规定。

●《建筑抗震鉴定标准》GB 50023—2009

1.0.4　现有建筑应根据实际需要和可能，按下列规定选择其后续使用年限：

1　在 70 年代及以前建造经耐久性鉴定可继续使用的现有建筑，其后续使用年限不应少于 30 年；在 80 年代建造的现有建筑，宜采用 40 年或更长，且不得少于 30 年。

2　在 90 年代（按当时施行的抗震设计规范系列设计）建造的现有建筑，后续使用年限不宜少于 40 年，条件许可时应采用 50 年。

3　在 2001 年以后（按当时施行的抗震设计规范系列设计）建造的现有建筑，后续使用年限宜采用 50 年。

1.0.5　不同后续使用年限的现有建筑，其抗震鉴定方法应符合下列要求：

1　后续使用年限 30 年的建筑（简称 A 类建筑），应采用本标准各章规定的 A 类建筑抗震鉴定方法。

2　后续使用年限 40 年的建筑（简称 B 类建筑），应采用本标准各章规定的 B 类建筑抗震鉴定方法。

3　后续使用年限 50 年的建筑（简称 C 类建筑），应按现行国家标准《建筑抗震设计规范》GB50011 的要求进行抗震鉴定。

☆　对已满设计使用年限建筑，应进行鉴定确定其安全性，加固后继续使用的建筑，按现行鉴定、加固标准，其后续使用年限也须满足不少于 30 年最低的要求。

29

大跨屋盖建筑适合采用隔震技术吗？

答：适合。

大跨屋盖结构作为体育场馆、展览馆、机场航站楼等公共类建筑的主要建筑形式之一，具有人流量大、结构复杂、重要性高等特点，其抗震性能要求相应也较高。因其大跨度下部结构刚度低、阻尼小，对地震作用振动十分敏感，同时大跨结构一般高宽比都较小，所以大跨屋盖建筑对隔震技术的适用性较强，隔震技术也为大跨屋盖建筑的可能性提供了更大空间，加之，隔震可以缓解超长结构的温度效应，近年来大跨屋盖采用隔震技术已在工程实践中得到了积极应用。

大跨屋盖结构常用的隔震方式有基底隔震和屋盖隔震，也可采用将两种隔震方式组合的形式使用。将隔震装置设置在结构基础顶部的基底隔震方式较为常见，但由于大跨公共建筑空间关系较为复杂，地下室跃层、夹层现象较为普遍，故基底隔震时难以形成常规的完整隔震层，可能出现跨层隔震或局部室内重新划分隔震范围的情形，因此这类结构的隔震层设计需着重多种方案对比和加强设计分析。

屋盖隔震通常采用将隔震装置与钢结构大跨屋盖结构支座相结合的方式，大跨屋盖建筑通常在周边布置较多功能区间，为屋盖设置隔震支点提供较好条件，屋盖自身刚度分布较为均匀，完全依赖周边结构支撑，因此对周边结构的刚度要求较高，传力也较为复杂，因此支座处设计难度相对较大，如何抵抗大跨屋盖传来的水平推力是设计关键。

对隔震技术在大跨度复杂建筑中的应用，尚有部分关键问题须进一步研究探讨，包括扭转控制、温度效应、抗风设计、边界约束条件等。此外，8、9度时的大跨度以及8、9度时采用隔震设计的建筑结构，应按有关规定计算竖向地震作用，当大跨屋盖采用隔震技术时，对于建筑整体抵抗竖向地震能力是否有所削弱，尚应提高重视，深入研究。

《建筑隔震设计标准》GB/T 51408—2021则单独设立了"大跨屋盖建筑"一个章节，对大跨屋盖建筑隔震的方案、计算、构造等均提出了相应要求。

● 《建筑隔震设计标准》GB/T 51408—2021

7.1.2　大跨屋盖建筑中的隔震支座宜采用隔震橡胶支座、摩擦摆隔震支座或弹性滑板支座。采用其他隔震支座时，应进行专门研究。

7.1.3　大跨屋盖建筑采用隔震设计时除应符合本标准其他章节的规定外，尚应符合下列规定：

　　1　大跨屋盖建筑在环境温度变化作用下不应使隔震装置发生过大变形；

2 采用基底隔震时，隔震装置不应承担由竖向荷载引起的水平推力，隔震装置在风荷载作用下不应受拉；

3 采用屋盖隔震时，屋盖上宜设置承受水平拉力的构件，隔震装置不宜承担由永久荷载引起的水平推力，且在风荷载作用下不宜竖向受拉，可增设抗风装置或抗拉装置；

4 应考虑结构温度变形引起的隔震支座和隔震层各装置的变形，隔震支座考虑温度组合的变形验算应符合本标准第4.6.6条的规定。

7.1.4 大跨屋盖隔震建筑的地震效应宜采用空间结构有限元模型进行三向地震输入的时程分析，分析模型宜采用包含隔震层下部支承结构的整体分析模型，或考虑支承结构的影响；对于体型规则及跨度较小的平板网架结构、网壳结构、立体管桁架结构，亦可采用考虑竖向地震作用的振型分解反应谱法，并应符合本标准第4章的规定。

● **《建筑抗震设计标准》GB 50011—2010（2016版）**

10.2.7 屋盖结构抗震分析的计算模型，应符合下列要求：

1 应合理确定计算模型，屋盖与主要支承部位的连接假定应与构造相符。

2 计算模型应计入屋盖结构与下部结构的协同作用。

3 单向传力体系支撑构件的地震作用，宜按屋盖结构整体模型计算。

4 张弦梁和弦支穹顶的地震作用计算模型，宜计入几何刚度的影响。

☆ 采用隔震技术的大跨屋盖结构工程实例：

1. 采用屋盖下隔震技术的工程实例[29-1]。

上海国际赛车场（图29-1），位于上海市嘉定区安亭镇东面，占地约530万 m^2，主要建筑物有看台、比赛控制台、新闻中心等，见图29-1。其中新闻中心为巨型大跨度梭形钢桁架结构。每个梭形钢桁架由两榀主桁架和中间连系杆组成。桁架一端坐落于主看台的两个柱上，通过支座连接。另一端坐落于比赛控制塔的两个柱子上。利用普通橡胶支座具有较好的减震作用及盆式橡胶支座具有较大的竖向承载力特点，底部采用盆式橡胶支座和普通橡胶支座组合而成的组合隔震支座。该种组合隔震支座可使基底剪力减少40%～50%。

图29-1 上海国际赛车场

2. 采用基础隔震的大跨屋盖建筑

宿迁市文体综合馆、江苏扬州大剧院（图29-2）、广东科学中心（图29-3）、西安国际会议中心（图 29-4）、上海程十发美术馆。

图 29-2　扬州大剧院

图 29-3　广州科学中心

图 29-4　西安国际会议中心

参考文献：

［29-1］施卫星，孙黄胜，李振刚，等 . 上海国际赛车场新闻中心高位隔震研究 ［J］. 同济大学学报
　　　　（自然科学版），2005（12）：1576-1580.

30

大底盘多塔结构隔震方案有哪些?

答： 大底盘多塔结构隔震大致可采用基础隔震、首层（地面一层）顶隔震和层间（裙楼屋面）隔震方案。各方案需进行技术性、经济性论证对比后择优确定。

大底盘多塔，顾名思义多个独立成栋的塔楼共用一个大底盘裙楼，因建筑群体型和使用功能的多样化，使得整体结构容易出现竖向突变，并引发严重震害，所以采用隔震技术成为此类建筑一种良好的解决方案，可有效减少"输入"竖向突变处的地震作用，减小由于底盘和塔楼间刚度及质量突变带来的地震安全隐患。

从常规大底盘多塔结构来看，下部大底盘通常体量较大，刚度也较大，采用基础隔震方案时，因其下部大底盘面积较大，竖向构件数量较多，且底部压力大，采用基底隔震往往需要大量大直径隔震支座，经济性需要考虑。此外，多塔楼之间看似相互独立，却通过大底盘不可避免地相互干扰，主要表现在扭转耦合的可能较大，扭转耦合现象主要取决于上部结构的偏心率以及与基础的侧向抗扭刚度等因素。因此，层间隔震成为现阶段大底盘多塔结构可供优选的实施方案之一。

大底盘多塔结构层间隔震位置一般可设置在地下室与首层之间，或者设置在大底盘顶和塔楼底。对于设置在地下室与首层之间的层间隔震，其动力特性与基础隔震区别不大，这里不再累述。设置在大底盘顶和塔楼底的层间隔震，较基础隔震能更有效地解决底盘和塔楼之间刚度和质量突变的问题。大底盘顶和塔楼底的层间隔震方式对底盘层间扭转角的减震效果较为明显，塔楼扭转得到有效改善；塔楼层间扭转效应明显减小。通过计算对比，塔楼偏置时底盘的扭转响应没有向塔楼传递，从而底盘与塔楼的平-扭耦合效应不明显[30-1]。

大底盘是上部塔楼安全的基础，不论采用哪种隔震形式都应以大底盘的稳固为根本，采用何种隔震方案不能一概而论，需要根据工程自身实际情况，从建筑使用及抗震性能方面，同时结合经济性综合对比分析后决定。近年来，大底盘上多塔楼的高层建筑应用普遍，但有些工程由于使用功能的需要和局限性，塔楼底（即大底盘顶）不易设置隔震层，而项目本身又需要提高抗震性能的时候，可以采用基础隔震的方式。

参考文献：

[30-1] 吴应雄，陆剑峰，赵欣，等. 大底盘层间隔震模型试验与平-扭耦合效应分析 [J]. 工程科学与技术，2018，50（06）：48-55.

31

带有附建式人防工程的隔震建筑需要注意哪些问题？

答：带有附建式人防工程的隔震建筑，人防工程需要设置在地下室，多采用地下室顶隔震方式；须在保证二者使用功能的前提下，同时满足隔震与人防工程相关构造要求。

根据隔震建筑与人防工程的相关构造要求，归纳以下几点注意问题：

1. 由隔震建筑的工作原理，隔震建筑是通过设置隔震沟及水平隔震缝来实现隔离地震作用向上部建筑传递的，上部结构与下部结构或室外地面之间须设置完全贯通的水平隔离缝。当带有附建式人防工程的隔震建筑采用地下室顶设置隔震层时，地下室顶必须设置结构板作为人防顶板，地下室顶板除须满足隔震建筑下部结构计算要求及人防荷载抗力要求以外，尚须满足人防不同抗力级别对最小防护厚度的要求。此防护厚度可计入结构板上面的建筑面层厚度。

2. 人防机电竖井及出入口可采用水平转换方式，从隔震沟下方转换至隔震沟以外范围出地面（图 31-1）；

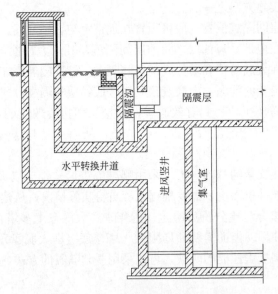

图 31-1　人防机电竖井水平转换示意图

3. 地上非人防部分的机电管线可通过隔震层空间进行水平转换出户。

● **《人民防空地下室设计规范》GB/T 500038—2005**

3.2.2 战时室内有人员停留的防空地下室,其钢筋混凝土顶板应符合下列规定:

　　1 乙类防空地下室的顶板防护厚度不应小于250mm。对于甲类防空地下室,当顶板上方有上部建筑时,其防护厚度应满足表3.2.2-1的最小防护厚度要求;当顶板上方没有上部建筑时,其防护厚度应满足表3.2.2-2的最小防护厚度要求;

　　2 顶板的防护厚度可计入顶板结构层上面的混凝土地面厚度;

　　3 不满足最小防护厚度要求的顶板,应在其上面覆土,覆土的厚度不应小于最小防护厚度与顶板防护厚度之差的1.4倍。

表 3.2.2-1　有上部建筑的顶板最小防护厚度 (mm)

城市海拔(m)	剂量限值(G_y)	防核武器抗力级别			
		4	4B	5	6、6B
≤200	0.1	970	820	460	250
	0.2	860	710	360	
>200 ≤1200	0.1	1010	860	540	
	0.2	900	750	430	
>1200	0.1	1070	930	610	
	0.2	960	820	500	

表 3.2.2-2　无上部建筑的顶板最小防护厚度 (mm)

城市海拔(m)	剂量限值(G_y)	防核武器抗力级别			
		4	4B	5	6、6B
≤200	0.1	1150	1000	640	250
	0.2	1040	890	540	
>200 ≤1200	0.1	1190	1040	720	
	0.2	1080	930	610	
>1200	0.1	1250	1110	790	
	0.2	1140	1000	680	

注:甲类防空地下室的剂量限值按本规范表3.1.10确定。

☆　需要注意的是当带地下室的隔震建筑采用基础隔震时,沿建筑周边设置的隔震沟将地下室暴露于空气中,不满足现行《人民防空地下室设计规范》GB 50038—2005配建防空地下室的条件。由于防空地下室使用的特殊性,须建造在周边有土体掩埋的地下室中。现行《人民防空地下室设计规范》GB 50038—2005关于外围结构构件(外墙、人防底板等)的动荷载(等效静荷载),均按完全置于土中作用考虑。故须结合当地建设局(人防办)的具体意见进行设计。

32 | 常用的隔震支座有哪些类型？

答：目前建筑用隔震支座主要有建筑隔震橡胶支座、建筑隔震弹性滑板支座和建筑摩擦摆隔震支座。

《建筑隔震设计标准》GB/T 51408—2021 中提及的隔震支座种类有：天然橡胶隔震支座（LNR）、铅芯橡胶隔震支座（LRB）、高阻尼橡胶隔震支座（HDR）、弹性滑板隔震支座（ESB）、弹簧隔震支座（SI）、摩擦摆隔震支座（FPS）或其他隔震支座。

目前，建筑隔震技术运用最普遍和成熟的是叠层橡胶隔震支座，相关最新标准是《建筑隔震橡胶支座》JG/T 118—2018；其中包含天然橡胶支座（LRB）、铅芯橡胶支座（LNR）和高阻尼橡胶支座（HDR）三种产品。高阻尼叠层橡胶支座（HDR）是在普通叠层橡胶支座材料中添加石墨，使之具有一定的阻尼性能，通过石墨添加量的多少来调整阻尼的大小，即：高阻尼叠层橡胶支座的功能和铅芯叠层橡胶支座相同，可承担一定的阻尼器作用。另还有建筑弹性滑板支座（ESB）和摩擦摆隔震支座（FPS），弹性滑板支座的主要产品相关标准是《橡胶支座 第5部分：建筑隔震弹性滑板支座》GB 20688.5—2014，由于其承担的面压相对橡胶隔震支座高，且很适合于软土地基情况，现已逐渐运用到高层隔震结构中，通常与普通叠层橡胶支座组合使用；摩擦摆隔震支座初期在桥梁隔震中运用得较多，2020年2月1日《建筑摩擦摆隔震支座》GB/T 37358—2019 也正式颁布，已逐步运用于建筑隔震领域。

目前处在研发阶段的隔震支座类型还有球形钢支座、抗拉球形支座、弹性球形隔震支座、碟簧-单摩擦摆三维隔震支座等，均有其各自特有的减震机理，尚未普及运用。

● **《建筑隔震设计标准》GB/T 51408—2021**

5.1.1　隔震结构宜采用的隔震支座类型，主要包括天然橡胶支座、铅芯橡胶支座、高阻尼橡胶支座、弹性滑板支座、摩擦摆支座及其他隔震支座。

● **《建筑隔震橡胶支座》JG/T 118—2018**

3.1.1　建筑隔震橡胶支座　rubber isolation bearing for buildings
　　由多层橡胶和多层钢板或其他材料交替叠置结合而成的隔震装置，包括天然橡胶支座（LNR）、铅芯橡胶支座（LRB）和高阻尼橡胶支座（HDR）。

3.1.3　天然橡胶支座（LNR）　linear natural rubber bearing
　　内部无竖向铅芯，由多层天然橡胶和多层钢板或其他材料交替叠置结合而成的支座。

3.1.4　铅芯橡胶支座（LRB）　lead rubber bearing
　　内部含有竖向铅芯，由多层天然橡胶和多层钢板或其他材料交替叠置结合而成的支座。

3.1.5　高阻尼橡胶支座（HDR）　high damping rubber bearing

用复合橡胶制成的具有高阻尼性能的支座。

● **《建筑摩擦摆隔震支座》GB/T 37358—2019**

3.1　摩擦摆隔震支座　friction pendulum isolation bearings

一种通过球面摆动延长结构周期和滑动界面摩擦消耗地震能量实现隔震功能的支座，简称支座或 FPS。

● **《橡胶支座 第 5 部分：建筑隔震弹性滑板支座》GB 20688.5—2014**

3.1　弹性滑板支座　elastic sliding bearing；ESB

由橡胶支座部、滑移材料、滑移面板及上、下连接板组成的隔震支座。

33

一栋隔震建筑中可采用不同类型的隔震支座混用吗？

答：可以，但摩擦摆隔震支座一般不与其他支座混用。

实际工程中各种支座混用，主要用于解决抗风、复位、扭转、偏心以及实际运用中可能出现的其他问题。

各类隔震装置组合使用的原则大致为：

1. 铅芯支座具有一定的初始刚度，一般布置在隔震层的外围，有利于抵抗风荷载、提高隔震层的复位能力及抗扭刚度；

2. 叠层橡胶支座、滑移隔震支座一般设置在结构中间位置，这些位置在地震作用下轴力变化较小但自重作用下变化较大，从而保证其力学模型的准确性，并提供一定的水平屈服力；

3. 叠层橡胶支座配合调整隔震层的偏心率布置，并尽可能布置在滑移隔震层支座附近提供恢复力；

4. 弹性滑板支座一般布置在竖向压力较大的中间位置。

弹性滑移支座在发生滑动后无水平刚度，不具有特定的周期，且初始静摩擦力可增大隔震层的初始水平屈服力，也可用于抵抗风荷载作用，但由于弹性滑移支座的自恢复能力较差，如果和叠层橡胶支座混用，可改善隔震层的自复位能力，所以采用叠层橡胶支座和弹性滑移支座隔震可相互弥补不足，取得更好的隔震效果。通过叠层橡胶支座和滑板摩擦支座的组合隔震体系振动台试验研究及地震响应分析，叠层橡胶支座能自动复位，滑板摩擦隔震支座具有良好的耗能能力，验证了组合隔震体系的有效性[33-1]。所以通过结合不同种类隔震支座的力学性能特点可达到更优的隔震效果。但这种混合隔震技术的主要问题是，滑移类支座布置太多会影响建筑的自复位能力，提高隔震层的自复位能力是这种混合隔震技术的研究方向。

对于摩擦摆隔震支座，因钢制材料特性与橡胶类支座区别较大，且摩擦摆支座在变形过程中会产生竖向位移，而橡胶支座竖向压缩变形非常有限，可基本不计，考虑到隔震层对不同支座的变形协调一致性要求较高，故摩擦摆支座不宜与橡胶类隔震支座混用。

● 《建筑隔震设计标准》GB/T 51408—2021

4.6.1 隔震层设计应符合下列规定：

1 阻尼装置、抗风装置和抗拉装置可与隔震支座合为一体，亦可单独设置，必要时可设置限位装置。

2　同一隔震层选用多种类型、规格的隔震装置时,每个隔震装置的承载力和水平变形能力应能充分发挥,所有隔震装置的竖向变形应保持基本一致。橡胶类支座不宜与摩擦摆等钢支座在同一隔震层中混合使用。

条文说明:

一般情况下,摩擦摆等钢支座的竖向刚度特性不同于橡胶类支座,考虑变形协调性,这两类支座在同一隔震层中不宜混用。此外,一般摩擦摆隔震支座水平滑移时会产生竖向位移,形成对所支承结构的顶升作用,因此,考虑结构变形协调性,同一个隔震层中不应将这类摩擦摆隔震支座与橡胶类隔震支座等混用,应考虑支座滑动时隔震层和结构的整体协调性。

参考文献:

[33-1] 朱玉华,吕西林.组合基础隔震系统地震反应分析[J].土木工程学报,2004.

34

隔震与消能减震可以组合使用吗？

答：可以。

　　隔震和消能减震在抗震设计时通常同时提及，其目的相同，都是通过在结构中设置某种耗能装置，减小地震作用对结构造成的破坏性，统称为隔、减震。两者的机理不同且设置的部位不冲突，可以运用在同一栋建筑当中。消能减震器运用在隔震建筑中，可设置在隔震层，也可设置在上部结构中。对于较复杂工程，或场地条件较差的工程，即可采用隔震与消能减震装置组合设计方式，从两方面来减小地震能量的输入，减震效果更加有效。

　　最常见的组合方式为在隔震层中布置阻尼器，即隔震体系由隔震支座和阻尼器两大装置组成（图 34-1、图 34-2）。阻尼器通常布置在隔震层结构角部和边缘，在增大隔震层的阻尼比的同时对控制隔震层扭转也非常有效。隔震层中设置阻尼器的直接作用是可减小支座最大拉应力，同时增加支座恢复力，且隔震建筑抗倾覆计算可计入抗拉装置的作用，对于高层隔震建筑，在隔震层周边设计阻尼装置对结构抗倾覆起到有效作用。对于橡胶隔震支座和消能减震器，弹性恢复力均有严格要求，当二者组合使用时，恢复力对整体结构合力发挥作用，在罕遇地震、极罕遇地震作用下，合力作用尤为必要，故高层建筑及高烈度区建筑推荐采用隔震与消能减震组合使用。隔震层拉应力得到有效控制，其最大水平位移及隔震沟的水平尺寸也随之减小。

 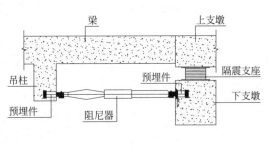

图 34-1　阻尼器与隔震支座组合使用实例　　　　图 34-2　黏滞阻尼器与隔震支座节点示意图

　　实例：江苏宿迁市海关业务综合楼（图 34-3），使用了橡胶隔震支座、滑移隔离支座和黏滞阻尼器。北京大兴机场航站楼（图 34-4）由于建筑功能要求，屋面钢结构支撑条件很复杂，采用了层间隔震技术，由铅芯橡胶支座、普通橡胶隔震支座、弹性滑板支座和阻尼器组成；昆明新国际机场航站楼（图 34-5），采用基础隔震，由铅芯橡胶支座、普通橡胶隔震支座和阻尼器组成；中之岛音乐厅（图 35-6），为层间隔震，在大厅和办公楼之间的边界上设置隔震层，由铅芯橡胶支座和油压阻尼器组成。

图 34-3 江苏宿迁市海关业务综合楼

图 34-4 北京大兴机场航站楼

图 34-5 昆明新国际机场航站楼

图 34-6 中之岛音乐厅

● **《建筑抗震设计规范》GB 50011—2010（2016）**

12.1.1 ……

注 1 本章隔震设计指在房屋基础、底部或下部结构与上部结构之间设置由橡胶隔震支座和阻尼装置等部件组成具有整体复位功能的隔震层，以延长整个结构体系的自振周期，减少输入上部结构的水平地震作用，达到预期防震要求。

● **《建筑隔震设计标准》GB/T 51408—2021**

条文说明：

3.2.2 ……为鼓励隔震技术的应用，本标准建议放宽对Ⅳ类场地的限制，但应采取有效措施，比如罕遇地震作用下上部结构变形过大时，隔震结构的上部结构也可设置减震装置；或者优化隔震层的阻尼装置，采用更合理的阻尼装置，减轻为控制隔震层变形而导致的上部结构地震作用的增加幅度。

4.6.1　隔震层设计应符合下列规定：

　　1　阻尼装置、抗风装置和抗拉装置可与隔震支座合为一体，亦可单独设置，必要时可设置限位装置。

　　4　当隔震层采用隔震支座和阻尼器时，应使隔震层在地震后基本恢复原位，隔震层在罕遇地震作用下的水平最大位移所对应的恢复力，不宜小于隔震层屈服力与摩阻力之和的 1.2 倍。

☆　8 度 0.3g 及以上的高烈度区和高层建筑，采用隔震技术时，一般均会与阻尼器等减震技术组合使用，在隔震层同时布置隔震与减震装置，对减小罕遇地震下隔震支座最大水平位移和最大拉应力有很好效果。

☆　美国学者提出采用巨型框架-子结构的方式将隔震技术应用到高层建筑中。在子结构下布置隔震层，子结构与矩形框架相连，来解决高层隔震设计难点，同时可根据需要在特定的位置布置消能减震装置，进一步减小地震作用[34-1]。

参考文献：

[34-1] Wen-Chai. Mega-Sub Control of High-rise Building [D]. Irivne：University of California，1996.

35

橡胶隔震支座Ⅰ、Ⅱ、Ⅲ型是什么含义?

答:橡胶隔震支座Ⅰ、Ⅱ、Ⅲ型标明的是隔震橡胶垫产品橡胶支座与上下钢制连接板采用的三种不同连接方式。

依据《橡胶支座 第3部分:建筑隔震橡胶支座》GB 20688.3—2006,按照隔震垫生产连接构造及硫化过程,可将隔震橡胶支座分为Ⅰ、Ⅱ、Ⅲ型三类。前两种为目前通常建筑采用的类型。其中,Ⅰ型为橡胶垫两端采用同直径钢封板,经加压、硫化后,连接板和封板通过螺栓连接,封板与内部橡胶粘合,橡胶保护层可在支座硫化前或者硫化后包裹;Ⅱ型为橡胶垫两端直接与连接板粘结,之后整体加压、硫化;Ⅲ型为支座与连接板用凹槽或暗销连接。

Ⅰ、Ⅱ型两者造价相差不大,但对加温、加压和硫化机的尺寸要求,对比两者连接构造,明显后者大于前者,前者相对价格低一些。Ⅰ型隔震由于多两块封板,厚度稍大于同规格Ⅱ型橡胶隔震垫,另Ⅰ型隔震垫易出现封板与连接板的锈蚀。Ⅰ、Ⅱ型隔震支座与上、下预埋钢板连接示意详图如图35-1、图35-2所示。

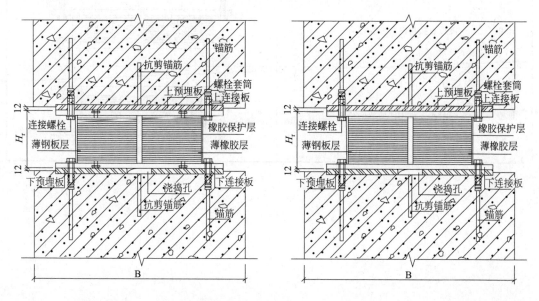

图 35-1　Ⅰ型隔震支座与上、下预埋钢板连接示意　图 35-2　Ⅱ型隔震支座与上、下预埋钢板连接示意

● **《建筑隔震设计标准》GB/T 51408—2021**

2.1.8 隔震支座 seismic isolation

隔震层用于承载上部结构,并具有隔震变形能力的支座。

● **《橡胶支座 第 3 部分:建筑隔震橡胶支座》GB 20688.3—2006**

5 支座分类

5.1 通则

支座可按构造、极限性能和剪切性能的允许偏差进行分类。

5.2 按构造分类

支座按构造分为 3 类,见表 1。

表 1 按构造分类

分类	说明	图示
Ⅰ型	连接板和封板用螺栓连接,封板与内部橡胶黏合 橡胶保护层在支座硫化前包裹	
	连接板和封板用螺栓连接,封板与内部橡胶黏合 橡胶保护层在支座硫化后包裹	
Ⅱ型	连接板直接与内部橡胶黏合	
Ⅲ型	支座与连接板用凹槽或暗销连接	

36

橡胶隔震垫能承受多大的竖向压力？

答：橡胶隔震垫可承受与通常结构竖向构件相当的压力。

叠层橡胶支座由钢板与橡胶叠合而成，橡胶的材料特性是弹性低、变形能力大，而钢板弹性高、变形能力小，将两者配合使用，当支座竖向受压时，橡胶片与钢板均沿竖向变形，但钢板变形比橡胶小，即橡胶受到钢板的约束，支座中心部分近似为三轴受压的状态，因此支座有较高的竖向承载能力，且竖向压缩变形也很小。叠层橡胶支座的竖向刚度与橡胶硬度和橡胶厚度有很大关系，硬度越大竖向刚度越大；叠层橡胶总厚度越小竖向刚度越大。

与钢筋混凝土柱做对比，可以比较直接理解叠层橡胶支座的竖向刚度及承载力。参考《建筑隔震橡胶支座》JG/T 118—2018 附录 C，见表 36-1。

天然橡胶支座力学性能及规格尺寸表（$S_2=5.45$，$G=0.49MPa$）　　　　表 36-1

类别	有效直径 D	竖向刚度 K_v	水平等效刚度 $K_b100\%$	橡胶层总厚度
单位	mm	kN/mm	kN/mm	mm
LNR1500	1500	8300	3.13	276
LNR1400	1400	6900	2.92	257
LNR1300	1300	5700	2.75	239
LNR1200	1200	4700	2.51	220
LNR1100	1100	4200	2.29	202
LNR1000	1000	4000	2.09	184
LNR900	900	3400	1.88	165
LNR800	800	2800	1.66	148
LNR700	700	2450	1.46	129
LNR600	600	2000	1.22	110
LNR500	500	1700	1.02	92
LNR400	400	1300	0.82	73
LNR300	300	1000	0.61	56

现取计算长度分别为 $L=3.6m$、$4.0m$，截面尺寸分别为 $600mm \times 600mm$、$800mm \times$

800mm 的钢筋混凝土柱，混凝土强度等级 C30，弹性模量 $E_c = 3.0 \times 10^4 \text{N/mm}^2$，泊松比 0.5。则该柱的竖向刚度见表 36-2。

表 36-2

序号	计算长度(m)	截面尺寸/型号(mm²)	竖向刚度 K_v(kN/mm)
1	3.9m	600×600	2769
		800×800	4923
2	4.5m	600×600	2400
		800×800	4267
3	6.0m	600×600	1800
		800×800	3200

由此可以看出，叠层橡胶支座的竖向刚度可以和钢筋混凝土柱一样作为竖向结构构件。

☆ 因为叠层橡胶支座是由橡胶层＋钢板层叠合而成的，其竖向刚度尚与每层的橡胶厚度及钢板有关，这就牵扯到橡胶支座的一个重要参数：形状系数，将在后面的问题中提及。

37

叠层橡胶支座和铅芯叠层橡胶支座的性能有什么区别？

答：铅芯叠层橡胶支座是通过在普通橡胶支座中插入铅芯，提高橡胶支座的初始刚度及恢复力，并改善隔震支座阻尼性能。

铅芯叠层橡胶支座产品的出现，是隔震建筑发展中的一个重要里程碑。不但具有与 LNR 一样的水平侧向刚度，同时可提供一个抗风的初始刚度及增加一定耗能的阻尼。

铅芯叠层橡胶支座是在普通叠层橡胶支座中心插入铅芯而形成。铅芯橡胶支座充分利用铅芯良好塑性变形能力、产生的滞后阻尼的塑性变形还能吸收能量这一特性，通过铅芯动态恢复与再结晶过程，以及橡胶的剪切拉力的作用，使建筑物自动恢复原位，铅芯橡胶支座这一特性也非常有利于提高上部结构抗风性能。铅芯橡胶支座通过铅芯的大小来调整阻尼的大小。铅芯直径增大后，屈服力变大，阻尼量增加，但中心孔过大也会给支座的性能带来不良影响。因为铅芯不承担压力，所以普通叠层橡胶支座和铅芯叠层橡胶支座的竖向性能基本相同。

叠层橡胶支座的水平性能参数包括水平刚度、水平极限变形能力，铅芯叠层橡胶支座因铅芯的存在，具有阻尼器的作用，其水平性能还包括屈服力和等效黏滞阻尼比。

通过支座的压剪试验，绘制支座的滞回曲线，可以看到普通叠层橡胶支座和铅芯橡胶支座水平性能的区别（图 37-1、图 37-2）。

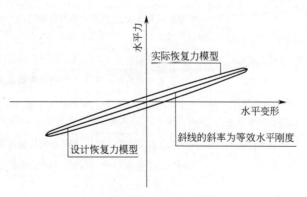

图 37-1　普通叠层橡胶支座滞回曲线

比较图 37-1、图 37-2 可以看出，滞回曲线的形状和面积反映了支座的耗能能力，滞回环越丰满面积越大，阻尼力也越大，可以用滞回环的特性来表示支座的阻尼。滞回环的

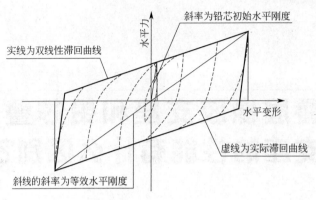

图 37-2　铅芯叠层橡胶支座滞回曲线

丰满程度反映支座屈服后刚度，滞回环所围合的面积反映等效黏滞阻尼比。图 37-2 显示普通叠层橡胶支座的滞回特性与剪应变的大小无关，支座从大变形到小变形都具有稳定的弹性性能。图 37-1 在大变形范围，随着水平荷载的增加刚度也逐渐增加（后期硬化），但幅度有限。恢复力模型可近似为直线，其斜率就是支座的水平刚度，叠层橡胶支座的滞回曲线所包含面积很小，说明几乎不能消耗能量。而铅芯叠层橡胶支座的滞回曲线近似为双线性模型（图中实线所示），滞回环相对饱满，从其包含的面积可以看出铅芯叠层橡胶支座较叠层橡胶支座而言，具有一定的耗能能力。

● 《建筑隔震橡胶支座》JG/T 118—2018

6.4　支座竖向和水平力学性能。

支座竖向和水平力学性能要求见表 5。

表 5　支座竖向和水平力学性能要求

项目		性能要求
天然橡胶支座水平性能	水平等效刚度	水平滞回曲线在正、负向应具有对称性，正、负向最大变形和剪力的差异应不大于 15%；实测值允许偏差为 +15%；平均值允许偏差为 +10%
铅芯橡胶支座水平性能	水平等效刚度	水平滞回曲线在正、负向应具有对称性，正、负向最大变形和剪力的差异应不大于 15%；实测值允许偏差为 +15%；平均值允许偏差为 +10%
	屈服后水平刚度	
	等效阻尼比	实测值允许偏差为 +15%，平均值允许偏差为 +10%
	屈服力	实测值允许偏差为 +15%，平均值允许偏差为 +10%
高阻尼橡胶支座水平性能	水平等效刚度	水平滞回曲线在正、负向应具有对称性，正、负向最大变形和剪力的差异应不大于 15%；实测值允许偏差为 +15%；平均值允许偏差为 +10%
	屈服后水平刚度	
	等效阻尼比	实测值允许偏差为 +20%，平均值允许偏差为 +15%
	屈服力	实测值允许偏差为 +15%，平均值允许偏差为 +10%
水平极限性能（天然橡胶支座、铅芯橡胶支座、高阻尼橡胶支座）	水平极限变形能力	极限剪切变形不应小于橡胶总厚度的 400% 与 0.55D 的较大值

38

橡胶隔震支座的设计和使用寿命有多长？耐久性能如何考虑？

答： 橡胶隔震支座的耐久性应满足在建筑设计使用年限内能够保持正常工作的要求，一般情况下，橡胶隔震垫的使用寿命都不低于建筑使用寿命。

用于房屋、桥梁或其他结构的橡胶隔震垫，包括天然橡胶支座 LNR、铅芯橡胶支座 LRB、高阻尼橡胶支座 HDR。隔震垫作为竖向构件的一部分，不允许先于整体结构失效，故隔震垫一般至少与上部结构有相同的设计使用年限。通常建筑物的设计使用年限为 50 年，《叠层橡胶支座隔震技术规程》CECS 126：2001、《建筑隔震设计标准》GB/T 51408—2021、《建筑隔震橡胶支座》JG 118—2018 对隔震垫的使用年限均作了具体和统一的要求：隔震层的设计工作寿命不应低于上部结构的设计工作寿命，一般应大于 50 年。

同时隔震垫作为橡胶制品，就一定有使用寿命，隔震垫长期承受上部结构传递的荷载，时刻处在应力（当承受地震、风等水平荷载时为周期性动态应力）状态下使用，橡胶材料的抗疲劳性能、老化性能、徐变性能等耐久性等决定了其使用寿命。这些耐久性能的破坏都有可能对其力学性能产生不同程度的影响，从而危及隔震建筑上部结构的安全，为此，必须保证叠层橡胶隔震支座在建筑物的设计寿命期限内能够正常工作。

橡胶隔震支座是由叠层橡胶钢板组成，橡胶片和钢板按照严格的工艺条件生产加工，橡胶和钢板粘结得非常紧密，隔震橡胶支座四周还有一层不小于 1cm 厚的橡胶保护层，防止阳光、水和空气进入支座内部，并且隔震支座的工作位置是在隔震层，周围一般不会有阳光照射。

橡胶支座的老化性能是指支座在常温下 60 年内，支座的各项性能如：竖向刚度、水平刚度、等效黏滞阻尼比和水平限变形能力等。《建筑隔震橡胶支座》JGJ 118—2018 要求了橡胶支座老化性能的允许变化率不应大于±20%，且目视无龟裂。

橡胶支座的徐变性能是指在长期荷载作用下产生不可恢复的变形的现象。根据日本的试验数据，徐变量不超过 5mm 时，橡胶支座无明显影响可正常使用；有研究表明，橡胶支座徐变量的增长基本在 2～5 年内完成，之后便趋于稳定，由此可推算出叠层橡胶支座 100 年的徐变量，不会超过橡胶层总厚度的 10%[38-1]，我国行业标准规定的限值为 5%。

橡胶支座的疲劳性能是指在反复荷载作用下力学性能降低的现象。导致橡胶支座产生疲劳破坏的原因是支座内部的材料有缺陷，或者是制作过程中存在缺陷。在反复荷载作用下，缺陷处应力集中，缺陷随之放大从而导致橡胶支座力学性能下降。疲劳性能的性能测试是对支座施加竖向设计承载力以及水平向剪应变 $\gamma=50\%$ 的作用力，并反复循环 150 次后，测定支座的竖向刚度和水平刚度、等效黏滞阻尼比。我国行业标准规定，以上三项性能的变化率不应超过±15％，且目视无龟裂。

根据橡胶材料的特性，隔震垫的使用寿命一般在 60 年以上。工程实例如下：

1. 1889 年澳大利亚墨尔本市一座铁路高架桥上设计使用了天然橡胶垫，100 多年后的今天，这座桥依然保持畅通。根据研究人员从这座桥的天然橡胶垫上取下一块作为试样的检测结果，发现橡胶垫并没有使用抗氧化剂，仅在表面大概 1.5mm 厚范围内发生了明显的氧化现象。说明天然橡胶在一般情况下，老化现象只发生在表面，采用加速试验得出结论：橡胶支座的使用寿命是偏安全的。

2. 英国伦敦到肯特的 M2 高速公路桥于 1962 年建成，当时使用了叠层橡胶支座。1982 年移出其中两个做压缩和剪切刚度的测量，并切开橡胶支座研究其性能，发现橡胶支座的压缩机剪切刚度基本没有变化，也没有开裂和氧化的迹象。

3. 伦敦奥尔班尼一座采用了叠层橡胶支座来隔离地铁振动的 6 层的公寓楼于 1966 年建成，并对叠层橡胶支座进行了维持 8 年的定期观测，外观未发现劣化现象，硬度也没有发生变化，由此推测 100 年后的总徐变量大概只有 5.4mm。

● 《建筑隔震设计标准》GB/T 51408—2021

3.1.4 隔震层中隔震支座的设计使用年限不应低于建筑结构的设计使用年限。当隔震层中的其他装置的设计使用年限低于建筑结构的设计使用年限时，在设计中应注明并预设可更换措施。

5.1.2 ……

5 隔震支座整体设计使用年限不应低于隔震结构的设计使用年限，且不宜低于 50 年。

● 《建筑隔震橡胶支座》JG/T 118—2018

5.1 结构

不同使用要求的建筑隔震橡胶支座可有不同的叠层结构、尺寸、制造工艺和配方设计。建筑隔震橡胶支座应满足所需要的竖向承载力、竖向和水平刚度、水平变形能力、阻尼比等性能要求，并应具有不少于 60 年的使用寿命。

6.5 耐久性

耐久性包括老化性能、徐变性能、疲劳性能，应符合表 6 的规定。

表 6 耐久性性能要求

项目		性能要求
老化性能	竖向刚度变化率	＋20％
	水平等效刚度变化率	
	等效阻尼比变化率(LRB、HDR)	
	水平极限变形能力	≥320％剪应变
	支座外观	目视无龟裂
徐变性能	徐变量	天然橡胶支座和铅芯橡胶支座不应大于橡胶层总厚度的 5％；高阻尼橡胶支座不应大于橡胶层总厚度的 10％

续表

项目		性能要求
疲劳性能	竖向刚度变化率	±15%
	水平等效刚度变化率	
	等效阻尼比变化率（LRB、HDR）	
	支座外观	目视无龟裂
注：表中未特别注明的性能要求适用于天然橡胶支座、铅芯橡胶支座和高阻尼橡胶支座		

参考文献：

［38-1］刘文光，李峥嵘，周福霖，等．低硬度橡胶隔震支座各种相关性及老化徐变特性［J］．地震工程与工程振动，2002，(6)．115-121.

39

橡胶隔震支座需要防火设计吗？

答：需要。

橡胶隔震垫本身是可燃物，不具备耐火能力，据相关机构做的实验[39-1]，直径 $D=$ 600mm 的隔震垫，在无任何防护条件下，承载能力时限不超过 1h。作为结构竖向承载构件的一部分，必须达到按竖向承重构件要求的防火设计能力；对处于防火分区内的隔震垫，尚需按防火隔墙、隔断的耐火极限要求进行防火构造设计，因此，橡胶隔震垫需要防火设计。

现橡胶隔震垫防火设计主要做法是，在建筑使用空间（非建筑使用空间，主要指隔震层检修空间，考虑检修时的可能用电、用火等，建议在此范围，有条件也做防火设置）的橡胶隔震垫都需要做防火防护。有在隔震垫外涂刷防火涂料（图 39-1）和设置防火隔板（图 39-2）两种做法，其中防火涂料应采用柔性防火涂料，以保证隔震垫发生一定形变，防火涂层也不会脱离。防火涂料和板材厚度需根据该结构主体的防火等级确定，如多层公共建筑柱的防火等级为二级，耐火极限要求不小于 2.5h，一般情况下需采用厚度不小于 90mm 的增强石膏轻质墙板，或具有相同耐火极限的墙板进行防火封堵。

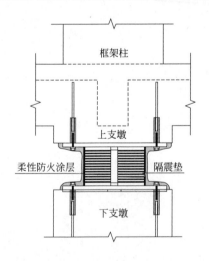

图 39-1 采用防火涂料

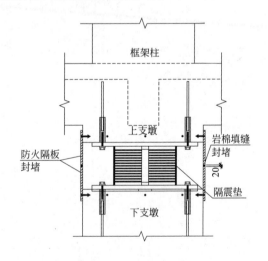

图 39-2 采用防火隔板

● **《建筑隔震设计标准》GB/T 51408—2021**

5.1.2 隔震层设计时，隔震支座应符合下列规定：

6 隔震层设置在有耐火要求的使用空间时，隔震支座及其连接应根据使用空间的耐火等级采取相应的防火措施，且耐火极限不应低于与其连接的竖向构件的耐火极限。

条文说明：

……隔震支座和其他部件应根据使用空间的耐火等级附加防火材料，应模拟支座的实际使用情况，对被试支座进行 1h 的燃烧试验后，冷却 24h 以上再测试其竖向极限压应力和竖向刚度，并与同批型支座的竖向极限压应力和竖向刚度进行对比，竖向极限压应力和竖向刚度的变化率不应大于 30%。

参考文献：

[39-1] 吴波，韩力维，周福霖，等. 建筑隔震橡胶支座的耐火性能试验 [J]. 土木工程学报，2011，44 (12)：50-57.

40

橡胶隔震支座需要保温设计吗？

答：除极端环境外，基本不需要，另需注意高阻尼橡胶垫（HDR）的低温性能。

橡胶在低温下会发生脆化，高温下会发生老化，同样，钢板的力学性能也受温度变化影响，一般来说钢板的屈服强度和弹性模量随温度的升高而下降，低温长时间作用下易发生冷脆现象，所以研究温度变化对橡胶的影响是必要的。

考虑到温度的影响，橡胶叠层隔震支座基本由掺加了稳定和改善橡胶弹性性能的各种添加剂的天然橡胶，和约束橡胶正应力下水平变形、保持一定竖向承载能力的层层钢板组成。因此，温度对橡胶叠层隔震垫的水平和竖向力学性能肯定是有影响的，但在自然条件的四季工作环境温度变化范围内，主要力学指标，如水平和竖向刚度均变化有限，还不至于影响到、甚至改变隔震垫的隔震效果，因此，橡胶隔震垫基本不需要保温防护。这也是为什么我们在大量采用隔震垫的桥梁市政工程中，看到的都是裸露橡胶隔震垫的主要原因。

高阻尼橡胶垫（HDR）具有较一般叠层橡胶隔震垫（LNR）大的水平刚度，在一定条件下，可部分替代铅芯隔震垫（LRB），但高阻尼橡胶垫在低温条件下，力学性能变化较大，尤其水平刚度变大，造成低温下有可能达不到设计预期的减震效果，以至于影响建筑安全，因此严寒地区，在室外非保温情况下，采用高阻尼橡胶垫（HDR），需综合考虑高阻尼橡胶支座的低温性能和经济性（现价格高于同规格的普通叠层橡胶支座和铅芯支座）。《建筑隔震橡胶支座》JG/T 118—2018 对橡胶支座受温度影响的相关性能提出了具体要求。

● **《建筑隔震橡胶支座》JG/T 118—2018**

6.6.1 天然橡胶支座和铅芯橡胶支座相关性能要求应符合表 7 的规定。

表 7 天然橡胶支座和铅芯橡胶支座相关性能要求

项目		性能要求
温度相关性能	水平等效刚度,屈服力变化率(LRB)	+25%
	等效阻尼比变化率(LRB)	

6.6.2 高阻尼橡胶支座相关性能要求应符合表 8 的规定。

表 8 高阻尼橡胶支座相关性能要求

项目		性能要求
温度相关性能	水平等效刚度变化率	0℃～40℃；+25%；
	等效阻尼比变化率	−10℃～0℃；+40%

41

橡胶隔震支座的主要参数有哪些?

答:天然橡胶支座主要参数有:1. 有效直径 D;2. 竖向刚度 K_v;3. 水平等效刚度 $K_b100\%$;4. 橡胶层总厚度。

铅芯橡胶支座主要参数除上述外,尚有:等效阻尼比;屈服前刚度 K_u;屈服后刚度 K_d;屈服力 Q_d。

所有数据均须通过试验确定。

不同使用要求的建筑隔震橡胶支座有不同的叠层结构、尺寸、制造工艺和配方设计。橡胶隔震支座的参数决定了其竖向承载力、刚度、水平变形能力、阻尼比等力学性能,也决定了其抗老化、徐变、疲劳等物理性能。铅芯叠层橡胶支座示意图如图 41-1 所示。

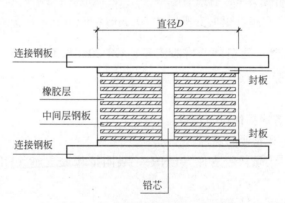

图 41-1　铅芯叠层橡胶支座示意图

获得橡胶隔震垫的这些参数,首先要了解普通橡胶隔震垫的标记型号含义,标记型号信息包含制造厂名字、企业商标、支座类型、支座尺寸及产品的系列号或生产号码。根据标记型号的信息查询厂家的产品目录,即可得到所选隔震垫型号的各项性能参数。

● 《建筑与市政工程抗震通用规范》GB 55002—2021

5.1.5 隔震和消能减震房屋,其隔震装置和消能部件应符合下列规定:

　　1　隔震装置和消能器的性能参数应经试验确定。(强条)

● 《建筑抗震设计规范》GB 50011—2010(2016 年版)

12.1.5　隔震和消能减震设计时,隔震装置和消能部件应符合下列要求:

    1 隔震装置和消能部件的性能参数应经试验确定。

● **《建筑隔震设计标准》GB/T 51408—2021**

5.1.2 隔震层设计时，隔震支座应符合下列规定：

    2 隔震支座的性能参数及滞回曲线应由所用产品的试验确定。

● **《建筑隔震橡胶支座》JG/T 118—2018**

4.2 标记

4.2.1 标记方法

支座产品的标记应由制作类型代号、支座形状和尺寸组成。

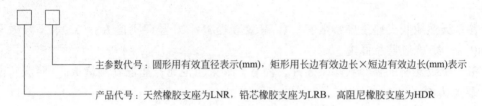

        主参数代号：圆形用有效直径表示(mm)，矩形用长边有效边长×短边有效边长(mm)表示

        产品代号：天然橡胶支座为LNR，铅芯橡胶支座为LRB，高阻尼橡胶支座为HDR

4.2.2 示例

示例1：天然橡胶隔震支座、有效直径500mm，标记为：LNR500。

示例2：铅芯橡胶隔震支座、有效直径400mm，标记为：LRB400。

示例3：高阻尼橡胶隔震支座、有效直径600mm，标记为：HDR600。

示例4：天然橡胶隔震支座、矩形支座尺寸500mm×600mm，标记为：LNR500×600。

● **《橡胶支座 第3部分：建筑隔震橡胶支座》GB 20688.3—2006**

10 支座产品标志和标签

10.1 内容

支座产品的标志和标签应提供以下信息：

    a）制造厂的名字和企业的商标；

    b）支座的类型：天然橡胶支座（LNR），高阻尼橡胶支座（HDR），铅芯橡胶支座（LRB）；

    c）产品序列号或生产号码；

    d）支座产品的尺寸，标注方法如下：

圆形支座可标注为"D 直径尺寸"；矩形支座可标注为"长边×短边尺寸"；方形支座可标注为"S 边长尺寸"。尺寸单位为 mm。

    标注示例：

    a）直径为 800mm 的圆形支座可表示为 D-800；

    b）边长为 800mm×600mm 的矩形支座可表示为 800×600；

    c）边长为 800mm 的方形支座可表示为 S800 或 800×800。

10.2 要求

    a）标志和标签应显示在支座的侧表面；

    b）标志和标签应防水且耐磨损；

c) 标志和标签应方便辨认，字母的高度和宽度应大于 5mm。

10.3 示例

a) 表示成一行的形式：

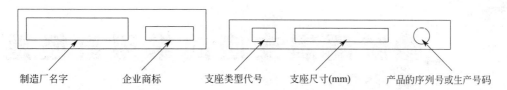

b) 表示成两行的形式：

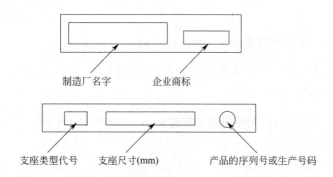

示例：××××××公司生产的直径为 800mm 的高阻尼橡胶支座可表示为：

42

橡胶隔震支座的常用直径是多少?

答:橡胶隔震支座的常用直径为 400～1500mm。

以上尺寸是考虑到各厂家的实际生产能力以及运用于工程的相关经济性,随着直径加大,生产、检测成本均有大幅提高。

● 《橡胶支座 第3部分:建筑隔震橡胶支座》GB 20688.3—2006

6.5 支座尺寸要求

橡胶支座尺寸见表11,如有必要,也可采用其他尺寸。

表 11 支座的典型尺寸

尺寸 d_0 或 a/mm	厚度		第二形状系数 s_2	开孔直径 d_0
	单层内部橡胶厚度 t_r/mm	单层内部钢板厚度 t_t/mm		
400	$2.0{\leqslant}t_r{\leqslant}5.0$	≥2.0	≥3.0	天然橡胶支座和高阻尼橡胶支座: $\leqslant\dfrac{d_0}{6}$ 或 $\dfrac{a}{6}$ 铅芯橡胶支座: $\leqslant\dfrac{d_0}{4}$ 或 $\dfrac{a}{4}$
450	$2.0{\leqslant}t_r{\leqslant}5.5$			
500	$2.5{\leqslant}t_r{\leqslant}6.0$			
550	$2.5{\leqslant}t_r{\leqslant}7.0$			
600	$3.0{\leqslant}t_r{\leqslant}7.5$			
650	$3.0{\leqslant}t_r{\leqslant}8.0$			
700	$3.5{\leqslant}t_r{\leqslant}9.0$			
750	$3.5{\leqslant}t_r{\leqslant}9.5$	≥2.5	≥3.0	
800	$4.0{\leqslant}t_r{\leqslant}10.0$		≥3.0	
850	$4.0{\leqslant}t_r{\leqslant}10.5$		≥3.5	
900	$4.5{\leqslant}t_r{\leqslant}11.0$		≥3.5	
950	$4.5{\leqslant}t_r{\leqslant}11.0$		≥3.5	
1000	$4.5{\leqslant}t_r{\leqslant}11.0$	≥3.0	≥3.5	天然橡胶支座和高阻尼橡胶支座: $\leqslant\dfrac{d_0}{5}$ 或 $\dfrac{a}{5}$ 铅芯橡胶支座: $\leqslant\dfrac{d_0}{4}$ 或 $\dfrac{a}{4}$
1050	$5.0{\leqslant}t_r{\leqslant}11.0$		≥3.5	
1100	$5.5{\leqslant}t_r{\leqslant}11.0$		≥3.5	
1150	$5.5{\leqslant}t_r{\leqslant}12.0$		≥3.5	
1200	$6.0{\leqslant}t_r{\leqslant}12.0$		≥4.0	
1250	$6.0{\leqslant}t_r{\leqslant}13.0$		≥4.0	

尺寸 d_0 或 a/mm	厚度		第二形状系数 s_2	开孔直径 d_0
	单层内部橡胶厚度 t_r/mm	单层内部钢板厚度 t_1/mm		
1300	$6.5 \leqslant t_r \leqslant 13.0$			天然橡胶支座和高阻尼橡胶支座：$\leqslant \dfrac{d_0}{5}$ 或 $\dfrac{a}{5}$ 铅芯橡胶支座：$\leqslant \dfrac{d_0}{4}$ 或 $\dfrac{a}{4}$
1350	$6.5 \leqslant t_r \leqslant 14.0$	$\geqslant 4.0$	$\geqslant 4.0$	
1400	$7.0 \leqslant t_r \leqslant 14.0$			
1450	$7.0 \leqslant t_r \leqslant 15.0$			
1500	$7.0 \leqslant t_r \leqslant 15.0$			

☆ 注意：于 2018 年 12 月 1 日实施的《建筑隔震橡胶支座》JG/T 118—2018 的产品标准中，橡胶隔震垫的常用尺寸最小从 400mm 开始，设计应避免采用直径小于 400mm 的隔震垫。

☆ 一般情况下，一栋隔震建筑中的隔震垫尺寸种类不宜过多，一方面产品检验工作量大，另一方面隔震层等效刚度偏差不宜控制。

☆ 实际工程，出现个别大直径隔震垫，可采用局部用两个或多个小直径的隔震垫替代方案。

43

橡胶隔震支座的s_1和s_2形状系数分别代表什么?

答:s_1和s_2分别代表隔震垫的第一形状系数(1st sharp factor)和第二形状系数(2nd sharp factor)。

叠层橡胶的竖向刚度与每层橡胶厚度有关,用第一形状系数s_1来定义每层橡胶厚度与竖向刚度的关系(图43-1)。

s_1:隔震垫的第一形状系数的物理意义是支座中的单层橡胶层的有效承压面积与其自由侧表面积之比;

对于圆形截面:

$$s_1 = \frac{D-d}{4t_{r1}}$$

对于矩形截面:

$$s_1 = \frac{l_a l_b}{2(l_a + l_b)t_{r1}}$$

式中 D——橡胶层有效承压面直径(mm);

  d——中间开孔的直径(mm);

  t_{r1}——单层橡胶厚度(mm);

  l_a、l_b——矩形隔震支座边长(mm);

每层橡胶层厚度t_{r1}越小,s_1越大,则支座的竖向刚度越大。说明s_1表征的是叠层橡胶支座中的钢板对橡胶层变形的约束程度。此外,s_1还与支座的有效直径有关,s_1越大,支座越粗矮,则支座的弯曲刚度也越大。也就是说,s_1与支座的竖向刚度和稳定性有关。

现《建筑隔震设计标准》GB/T 51408—2021要求第一形状系数s_1不宜小于30。

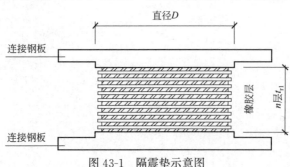

图43-1 隔震垫示意图

叠层橡胶支的水平刚度与支座的形状有关，用第二形状系数 s_2 来定义支座形状与水平刚度的关系。

s_2：隔震垫的第二形状系数的物理意义是支座内部的橡胶层直径（D）和内部橡胶层总厚度（t_r）之比；

$$s_2 = \frac{D}{t_r}$$

支座的高宽比越小，形状越细长，则支座的水平刚度就越小，支座越细长，在竖向荷载作用下就越容易压屈，因此 s_2 的大小还会反过来影响支座在水平变形下的竖向承载力。

一般建筑工程隔震垫第二形状系数 s_2 要求不小于 5，对第二形状系数 s_2 小于 5 时，橡胶隔震垫的压应力限值应降低。

这两项隔震垫生产参数均与隔震垫的承载力及稳定相关，是隔震垫的基本数据之一，在满足 $s_1 \geqslant 15$ 和 $s_2 \geqslant 5$，且橡胶硬度不小于 40 时，隔震垫的最小屈曲应力值可达到 34.0MPa。

● 《建筑抗震设计规范》 GB 50011—2010 （2016 年版）

12.2.3 隔震层的橡胶隔震支座应符合下列要求：

表 12.2.3 注：3 当橡胶支座的第二形状系数（有效直径与橡胶层总厚度之比）小于 5.0 时应降低压应力限值；小于 5 不小于 4 时降低 20%，小于 4 不小于 3 时降低 40%。

条文说明：

12.2.4……

1 ……

　　1）……第一形状系数 s_1（有效直径与中央孔洞直径之差 $D - D_0$ 与橡胶层 4 倍厚度 $4t_r$ 之比）和第二形状系数 s_2（有效直径 D 与橡胶层总厚度 nt_r 之比）……

● 《建筑隔震设计标准》 GB/T 51408—2021

9.4.3 橡胶隔振支座的形状系数 s_1 不宜小于 30.0，s_2 不宜小于 5.0。

● 《建筑隔震橡胶支座》 JG/T 118—2018

3.1.8 第一形状系数 1st shape factor
支座中单层橡胶层的内部橡胶的平面面积与其自由侧面表面积之比。

3.1.9 第二形状系数 2nd shape factor
对于圆形支座，为内部橡胶层直径与内部橡胶总厚度之比。
对于矩形或方形支座，为内部橡胶层有效宽度与内部橡胶总厚度之比。

5.2 形状系数
建筑隔震橡胶支座第一形状系数 s_1 不应小于 15，第二形状系数 s_2 不应小于 3 且不宜小于 5。当 s_2 小于 5 时，应降低支座压应力限值；s_2 不小于 4 且小于 5 时，降低 20%；s_2 不小于 3 且小于 4 时，降低 40%。

● 《橡胶支座 第 3 部分：建筑隔震橡胶支座》 GB/T 20688.3—2006

3.11 第一形状系数 1st shape factor

支座中单层橡胶层的有效承压面积与其自由侧面表面积之比。

3.12 第二形状系数 2nd shape factor

对于圆形支座，为内部橡胶层直径与内部橡胶总厚度之比。

对于矩形或方形支座，为内部橡胶层有效宽度与内部橡胶总厚度之比。

● **《叠层橡胶支座隔震技术规程》CECS 126：2001**

4.3.2 隔震层受压承载力验算应符合下列要求：

5 隔震支座的受压承载力设计值应符合下列规定：

1）当行形状系数 $s_1 \geq 15$、$s_2 \geq 5$ 时，对于甲类建筑，压应力设计值不宜大于 10MPa；对于乙类建筑，压应力设计值不宜大于 12MPa；对于丙类建筑，压应力设计值不宜大于 15MPa；但对于直径小于 300mm 的隔震支座，压应力设计值不宜大于 12MPa。

2）当行形状系数不满足上述要求时，压应力设计值应适当降低。当 $5 > s_2 \geq 4$ 时，降低 20%；当 $4 > s_2 \geq 3$ 时，降低 40%。

6.2.3 隔震支座的形状系数应符合下列要求：

在一般情况下，s_1 不宜小于 15，s_2 不宜小于 5.0，且满足第 4.3.2 条第 5 款要求。

☆ 我们在验证隔震垫的出厂及见证检验结果时，对 150% 和 350% 变形下的等效水平刚度也会用到该数据参数，比如，对直径 800 的隔震垫，当 s_2 为 5 时，计算隔震垫测试 350% 的水平变形量是多少，水平变形量 $d = 800/s_2 \times 350\% = 560mm$。

44

橡胶隔震支座允许偏差分为 S-A、S-B 类别的含义是什么?

答：是根据橡胶支座的剪切性能稳定性将支座分为 S-A、S-B 两类。

橡胶支座按剪切性能允许偏差分为 S-A 和 S-B 两类，其中 S-A 类的允许偏差为 ±15%，S-B 类的允许偏差为 ±25%，显然，S-A 产品性能参数控制严于 S-B 产品。对重点设防类及其以上建筑，应采用 S-A 类隔震垫。

按照《建筑抗震设计规范》GB 50011—2010（2016 年版）的要求，橡胶支座的剪切性能稳定性指标直接影响到水平减震系数的计算。在进行上部结构设计，计算水平地震影响系数 β 时，调整系数 ψ 取值与此支座类别有关，当支座剪切性能偏差为 S-A 类时，ψ 取 0.85。

$$\alpha_{\max 1} = \beta \alpha_{\max} / \psi$$

其中，β 为水平减震系数，ψ 为根据概率可靠度分析提供一定的概率保证及考虑支座剪切刚度变异后得到的安全系数，对于 S-A 类支座为 0.85，S-B 类支座为 0.80。当设置阻尼器时还需要附加与阻尼器有关的变异系数，ψ 值相应减小，对于 S-A 类支座为 0.80，S-B 类支座为 0.75。

● **《建筑抗震设计规范》GB 50011—2010（2016 年版）**

条文说明:

12.2.5 ……2001 规范确定隔震后水平地震作用时考虑的安全系数 1.4，对于当时隔震支座的性能是合适的。当前，在国家产品标准《橡胶支座 第 3 部分：建筑隔震橡胶支座》GB 20688.3—2006 中，橡胶支座按剪切性能允许偏差分为 S-A 和 S-B 两类，其中 S-A 类的允许偏差为 ±15%，S-B 类的允许偏差为 ±25%。因此，随着隔震产品性能的提高，该系数可适当减少。本次修订，按照《建筑结构可靠性设计统一标准》GB 50068—2018 的要求，确定设计用的水平地震作用的降低程度，需根据概率可靠度分析提供一定的概率保证，一般考虑 1.645 倍变异系数。于是，依据支座剪变刚度与隔震后体系周期及对应地震总剪力的关系，由支座刚度的变异导出地震总剪力的变异，再乘以 1.645，则大致得到不同支座的 ψ 值，S-A 类为 0.85，S-B 类为 0.80。当设置阻尼器时还需要附加与阻尼器有关的变异系数，ψ 值相应减少，对于 S-A 类，取 0.80，对于 S-B 类，取 0.75。

● 《橡胶支座 第 3 部分：建筑隔震橡胶支座》GB 20688.3—2006

5.1 通则

支座可按构造、极限性能和剪切性能的允许偏差进行分类。

5.4 支座按剪切性能的允许偏差分类见表 3：

表 3 按剪切性能的允许偏差分类

类别	单个试件测试值	一批试件平均测试值
S-A	±15%	±10%
S-B	±25%	±20%

☆ 注意，《建筑隔震设计标准》GB/T 51408—2021 未对隔震支座性能偏差提出要求。

45

橡胶隔震支座的检测要求有哪些？

答：按照建筑产品与工程应用检测的要求，分别有不同的检测标准内容。

建筑产品需要按国家产品要求进行相关的检测，一般包含了隔震垫的型式检验和出厂检验内容，主要内容的相关标准为《橡胶支座 第 3 部分建筑隔震橡胶支座》GB 20688.3—2006 和《建筑隔震橡胶支座》JG/T 118—2018。

此外，针对隔震工程建设具体项目中的隔震垫检验，按照相关技术规程和施工标准的要求，一般包括进场检验及见证检验内容，主要内容详见相关标准《建筑隔震工程施工及验收规范》JGJ 360—2015。

《橡胶支座 第 3 部分建筑隔震橡胶支座》GB 20688.3—2006 是产品检测和工程应用相关要求的主要依据，不但明确了隔震垫的产品检验的具体检测标准内容，而且对工程应用提出了具体要求，要求支座产品在安装前应对工程中所用的各种类型和规格的原型部件进行抽样检测，抽样的数量和要求同出厂检验。其中，大家比较熟悉的检测数目的基本要求，也出自此国家标准。

但一般情况下，《橡胶支座 第 3 部分建筑隔震橡胶支座》GB 20688.3—2006 作为产品标准，按照工程建设标准编制要求，实际上是不能规定工程建设实践中的检验行为的，这也是《建筑隔震橡胶支座》JG/T 118—2018 中只规定型式检验和出厂检验的原因。工程应用的检验应该在技术规程或施工规范中规定，而且，从《橡胶支座 第 3 部分建筑隔震橡胶支座》GB 20688.3—2006 对出厂检验的内容来看，检测内容和要求还是偏少和偏低的。鉴于《橡胶支座 第 3 部分建筑隔震橡胶支座》GB 20688.3—2006 出台标准较早，以及针对当前隔震垫市场和产品实际质量现状，在工程应用阶段，建议《橡胶支座 第 3 部分建筑隔震橡胶支座》GB 20688.3—2006 的出厂检验保留，工程检验内容用《建筑隔震工程施工及验收规范》JGJ 360—2015 的相关内容代替和完善。

《建筑隔震工程施工及验收规范》JGJ 360—2015 对隔震垫的检测内容全面，可执行、操作性强，并且其中一个关键点是见证检验，不是送样，使用随机抽样的方式，再加上水平极限大变形检测和第三方检测要求，在现在鱼龙混杂的隔震产品市场，只要认真执行此标准，应该能对隔震垫的产品质量控制起到有利作用，确保隔震建筑在地震来临之时真正发挥作用，保障人民生命、财产的安全。

● 《建筑与市政工程抗震通用规范》 GB 55002—2021

5.1.5 隔震和消能减震房屋，其隔震装置和消能部件应符合下列规定：

3 设计文件上应注明对隔震装置和消能器的性能要求，安装前应按规定进行抽样检测，确保性能符合要求。（强条）

● 《建筑抗震设计规范》 GB 50011—2010（2016 年版）

12.1.5 隔震和消能减震设计时，隔震装置和消能部件应符合下列要求：

3 设计文件上应注明对隔震装置和效能部件的性能要求，安装前应按规定进行检测，确保性能符合要求。

条文说明：

12.1.5……

为了确保隔震和消能减震的效果，隔震支座、阻尼器和消能减震部件的性能参数应严格检验。

按照国家产品标准《橡胶支座 第 3 部分：建筑隔震橡胶支座》GB 20688.3—2006 的规定，橡胶支座产品在安装前应对工程中所用的各种类型和规格的原型部件进行抽样检验，其要求是：

采用随机抽样方式确定检测试件。若有一件抽样的一项性能不合格，则该次抽样检验不合格。

对一般建筑，每种规格的产品抽样数量应不少于总数的 20%；若有不合格，应重新抽取总数的 50%，若仍有不合格，则应 100% 检测。

一般情况下，每项工程抽样总数不少于 20 件，每种规格的产品抽样数量不少于 4 件。

型式检验和出厂检验应由第三方完成。

● 《建筑隔震设计标准》 GB/T 51408—2021

5.1.2 隔震层设计时，隔震支座应符合下列规定：

4 设计文件上应注明对支座的性能要求，支座安装前应具有符合设计要求的型式检验报告及出厂检验报告。

5.1.5 除特殊规定外，各类型隔震支座及隔震构造尚应符合现行国家标准《橡胶支座 第 1 部分：隔震橡胶支座试验方法》GB 20688.1、《橡胶支座 第 3 部分：建筑隔震橡胶支座》GB 20688.3、《橡胶支座 第 5 部分：建筑隔震弹性滑板支座》GB 20688.5 的相关规定。

5.2.1 隔震层采用的隔震支座产品和阻尼装置应通过型式检验和出厂检验。型式检验除应满足相关的产品要求外，检验报告有效期不得超过 6 年。出厂检验报告只对采用该产品的项目有效，不得重复使用。

5.2.2 隔震层中的隔震支座应在安装前进行出厂检验，并应符合下列规定：

1 特殊设防类、重点设防类建筑，每种规格产品抽样数量应为 100%；

2 标准设防类建筑，每种规格产品抽样数量不应少于总数的 50%；有不合格试件时，应 100% 检测；

3 每项工程抽样总数不应少于 20 件，每种规格的产品抽样数量不应少于 4 件，当产品少于 4 件时，应全部进行检验。

5.2.3 除特殊规定外，隔震支座及隔震层阻尼装置产品的型式检验及出厂检验应符合国家标准的相关规定，检验确定的产品性能应满足设计要求，极限性能不应低于隔震层各相应设计性能。

● 《建筑隔震橡胶支座》 JG/T 118—2018

8 检验规则

8.1 检验分类

8.1.1 建筑隔震橡胶支座应进行出厂检验和型式检验。型式检验合格后方可进行生产。

8.1.2 每个隔震橡胶支座均应进行出厂检验，出厂检验应由制造厂质检部门或独立的第三方检测机构检验，检验合格方准出厂。

8.1.3 隔震橡胶支座产品有下列情况之一时，应进行型式检验；

    a) 新产品的试制、定型、鉴定；

    b) 当原料、结构、工艺等有较大改变，有可能对产品质量影响较大时；

    c) 正常生产时，每 4 年检验一次；

    d) 停产 1 年以上恢复生产时。

8.2 检验项目

8.2.1 橡胶材料物理机械性能

8.2.2 外观质量

8.2.3 尺寸偏差

8.2.4 支座竖向和水平力学性能

8.2.5 耐久性性能

8.2.6 相关性性能

8.3 判定规则

8.3.1 出厂检验

    当全部出厂检验项目均符合要求时，判定该产品合格；当检验结果有不合格项目时，则判定该产品不合格；出厂时应剔除不合格产品，不合格产品不得出厂。

8.3.2 型式检验

    当全部型式检验项目均合格时，判定型式检验合格；当检验结果有不合格项目时，则判定型式检验不合格。

    满足下列全部条件的，可采用以前相应的型式检验结果；

    a) 支座用相同的材料配方和工艺方法制作；

    b) 相应的外部和内部尺寸相差 10% 以内；

    c) 第二形状系数 s_2 相差 ±0.4 以内；

    d) 第二形状系数 s_2 小于 5，以前的极限性能和压应力相关性试验试件的 s_2 不大于本次试验试件的 s_2；

    e) 以前的试验条件更严格。

● 《建筑隔震工程施工及验收规范》 JGJ 360—2015

4.1.1 支座和阻尼器产品进场应提供下列质量证明文件：

1 原材料检测报告；

2 连接件检测报告；

3 产品合格证；

4 出厂检验报告；

5 型式检验报告；

6 其他必要证明文件。

4.1.4 应对建筑隔震工程的支座、阻尼器及其连接件等进行进场验收，可按本规范附录 B 记录。

4.2.1 支座应进行见证检验，用于水平极限变形能力检测的支座不得用于工程。见证检验技术要求应符合下列规定，检验结果应符合设计要求：

1 压缩性能：应按现行国家标准《橡胶支座 第 3 部分：建筑隔震橡胶支座》GB 20688.3 要求进行检验。

2 剪切性能：应按现行国家标准《橡胶支座 第 3 部分：建筑隔震橡胶支座》GB 20688.3 要求进行检验；同时试验加载频率宜为设计频率，除设计特殊要求外不得低于 0.02Hz。

3 水平极限变形能力：应按现行行业标准《建筑隔震橡胶支座》JG/T 118 要求进行检验。对直径大于 800mm 的支座，水平极限剪切变形可取支座在罕遇地震下的最大水平位移值进行检验。

检查数量：同一生产厂家、同一类型、同一规格的产品，取总数量的 2% 且不少于 3 个进行支座力学性能试验，其中检查总数的每 3 个支座中，取一个进行水平大变形剪切试验。

检验方法：检查检验报告。

4.2.2 支座外观质量要求应符合表 4.2.2 规定。（此处略去表 4.2.2 内容）

检查数量：全数检查。

检验方法：观察，游标卡尺测量，钢尺测量。

4.2.3 支座尺寸偏差应符合现行国家标准《橡胶支座 第 3 部分：建筑隔震橡胶支座》GB 20688.3 中的相关规定。

检查数量：支座总数量的 10%，且不少于 5 个。

检验方法：支座平面尺寸采用钢尺测量。对圆形支座，应在 2 个不同位置测量直径值；对矩形支座，应在每边的 2 个不同位置测量边长值。支座高度采用钢尺测量。对圆形支座，应在圆周上的 4 个不同位置测量高度值，此 4 点的 2 条连线应互相垂直并通过圆心；对矩形支座，应在截面的 4 个角点位置测量高度值。支座高度值为 4 个测量值的平均值。

4.2.4 支座连接件尺寸偏差应符合下列规定：（此处略去表 4.2.4-1～表 4.2.4-5 内容）

1 连接板平面尺寸允许偏差应符合表 4.2.4-1 的规定。

2 连接板厚度允许偏差应符合表 4.2.4-2 的规定。

3 连接板螺栓孔位置允许偏差应符合表 4.2.4-3 的规定。

4 地脚螺栓外径尺寸允许偏差应符合表 4.2.4-4 的规定。

5 地脚螺栓长度尺寸允许偏差应符合表 4.2.4-5 的规定。

检查数量：全数的 10%。

检验方法：支座连接件平面外形尺寸用钢直尺测量，厚度用游标卡尺测量。对矩形支座连接板应在四边上测量长短边尺寸，还应测量对角线尺寸，厚度应在四边中点测量；对圆形支座连接板，其直径、厚度应至少测量 4 次，测定应垂直交叉。外形尺寸和厚度取实测值的平均值。地脚螺栓外形尺寸和长度用游标卡尺测量，至少测 3 次，取实测值的平均值。

4.2.5 支座连接板平整度偏差应小于 1/300。

检查数量：全数的 10%。

检验方法：将连接板自由放在平台上，除连接板本身的重量外不施加任何压力，测量连接板下表面与平台间的最大距离。当受检测平台长度限制时，对长度大于 2000mm 的连接板，可任意截取 2000mm 进行不平度的测量来替代全长不平度的测量。

4.2.6 支座连接板的机械性能应符合现行国家标准《碳素结构钢》GB/T 700 和《合金结构钢》GB/T 3077 的有关规定，并应具有出厂质量证明书；牌号不清或对材质有疑问时应予复检，符合标准后方可使用。

检查数量：全数的 10%。

检验方法：检查检测报告。

● **《橡胶支座 第 3 部分建筑隔震橡胶支座》GB 20688.3—2006（此处略去表 4、表 9 内容）**

9 检验规则

9.1 检验分类

检验分型式检验和出厂检验两类

9.1.1 型式检验

制造厂提供工程应用的隔橡胶支座新产品（新种类、新规格、新型号）进行认证鉴定时，或已有支座产品的规格、型号、结构、材料、工艺方法等有较大改变时，应进行型式检验，并提供型式检验报告。

9.1.2 出厂检验

隔震橡胶支座产品在使用前应由检测部门进行质量控制试验，检验合格并附合格证书，方可使用。

9.2 检验项目

支座力学性能试验项目见表 4，橡胶材料物理性能试验项目见表 9。

9.3 判定规则

9.3.1 型式检验的试件可按表 4 采用。满足下列全部条件的，可采用以前相应的型式检验结果。

a) 支座用相同的材料配方和工艺方法制作；

b) 相应的外部和内部尺寸相差 10% 以内；

c) 第二形状系数相差 ±0.4 以内；

d) 第二形状系数 s_2 小于 5，以前的极限性能和压应力相关性试验试件的 s_2 不大于本次试验试件的 s_2；

e) 以前的试验条件更严格。

9.3.2 出厂检验可采用随机抽样的方式确定检测试件，若有一件抽样试件的一项性能不合格，则该次抽样检验不合格。不合格产品不得出厂。

对一般建筑，产品抽样数量应不少于总数的 20%；若有不合格试件，应重新抽取总数的 30%，若仍有不合格试件，则应 100%检测。

对重要建筑，产品抽样数量应不少于总数的 50%；若有不合格试件，则应 100%检测。

对特别重要的建筑，产品抽样数量应为总数的 100%。

一般情况下，每项工程抽样总数不少于 20 件，每种规格的产品抽样数量不少于 4 件。

9.3.3 支座产品在安装前应对工程中所用的各种类型和规格的原型部件进行抽样检测，抽样的数量和要求同出厂检验。

46

橡胶隔震支座平面布置时应注意哪些问题？

答：进行橡胶隔震支座平面布置时除了应满足受力要求外，尚应综合考虑与上部结构的偏心率、支座间距、与其他装置（如抗风装置、限位装置、阻尼器等）组合布置等因素。

进行橡胶隔震支座初步平面布置的步骤如下：

1. 确定隔震目标［当采用《建筑抗震设计规范》GB 50011—2010（2016 年版）的方法设计时，先假设一个水平向减震系数］。

2. 求得上部结构不同荷载组合下的柱底或墙底轴力设计值。

3. 读取各支座处上部结构柱底或墙底轴力，根据隔震支座压应力限值确定隔震支座的面积，参考厂家提供的产品信息选择支座型号，布置隔震支座。对于高层隔震建筑须注意，建筑平面边、角处支座设计值应使隔震结构具有足够的抗倾覆能力。

4. 验算隔震层总受压承载力设计值、偏心率、侧向刚度及阻尼是否满足要求。

某多层框架隔震结构橡胶隔震垫布置示例如图 46-1 所示。

在满足计算要求的同时，还须注意以下几点：

1. 隔震支座的间距应考虑支座及其他装置的施工、维修、更换及运输所必须的空间要求；

2. 当一个支承处需要布置多个支座时，其多个支座的形心应与上下竖向受力构件的形心重合，避免出现偏心，且多个支座的型号宜相同；

3. 当隔震支座不可避免设置在不同标高时，须保证隔震层能正常工作发挥功效；

4. 所选橡胶隔震支座的规格不宜过多，一方面规格过多无法保证每个支座都能充分发挥性能，从而导致计算假定产生较大误差；另一方面控制产品规格种类可减少产品检验程序的繁琐。

● **《建筑抗震设计规范》GB 50011—2010（2016 年版）**

12.2.4 隔震层的布置、竖向承载力、侧向刚度和阻尼应符合下列规定：

1 隔震层宜设置在结构的底部或下部、其橡胶隔震支座应设置在受力较大的位置，间距不宜过大，其规格、数量和分布应根据竖向承载力、侧向刚度和阻尼的要求通过计算确定。

107

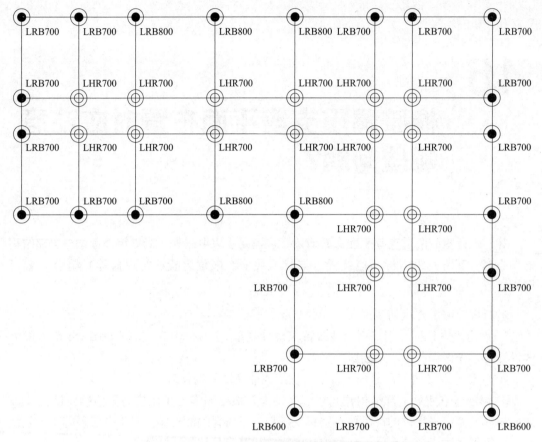

图 46-1　某多层框架隔震结构橡胶隔震垫布置示例图

● 《建筑隔震设计标准》 GB/T 51408—2021

4.6.2　隔震层的布置应符合下列规定：

　　1　隔震层宜设置在结构的底部或中下部，其隔震支座应设置在受力较大的部位，隔震支座的规格、数量和分布应根据竖向承载力、侧向刚度和阻尼的要求由计算确定。

　　2　隔震支座底面宜布置在同一标高位置上；当隔震层的隔震装置处于不同标高时，应采取有效措施保证隔震装置共同工作，且罕遇地震作用下，相邻隔震层的层间位移角不应大于 1/1000。

　　3　隔震支座的平面布置宜与上部结构和下部结构中竖向受力构件的平面位置相对应，不能相对应时，应采取可靠的结构转换措施。

　　4　隔震层刚度中心与质量中心宜重合，设防烈度地震作用下的偏心率不宜大于 3%。

　　5　同一支承处采用多个隔震支座时，隔震支座之间的距离应能满足安装和更换所需的空间尺寸。

● 《建筑工程抗震性态设计通则》 CECS 160：2004

11.2.6　在设防地震（或设计基本地震加速度）作用下的隔震层竖向承载力验算仅考虑重力荷载，并应符合下列要求：

（1）隔震支座竖向压应力不应大于支座破坏压应力的 1/6；

（2）隔震层总竖向压力设计值不应小于上部结构总重力荷载代表值；

（3）隔震层边、角处隔震支座竖向压力设计值应大于该支座承受的重力荷载代表值的
1.2 倍。

● **《叠层橡胶支座隔震技术规程》CECS 126：2001**

4.3.1 隔震层的布置应符合下列要求：

1 隔震层可由各种支座、阻尼装置和抗风装置组成。阻尼装置和抗风装置可与隔震
支座合为一体，亦可单独设置。必要时可设置限位装置。

2 隔震层刚度中心宜与上部结构的质量中心重合。

3 隔震支座的平面布置宜与上部结构和下部结构中竖向受力构件的平面位置相对应。
隔震支座底面宜布置在相同标高位置上，必要时也可布置在不同的标高位置上。

4 同一房屋选用多种规格的隔震支座时，应注意充分发挥每个隔震支座的承载力和
水平变形能力。

5 同一支承处选用多个隔震支座时，隔震支座之间的净距应大于安装和更换时所需
的空间尺寸。

6 设置在隔震层的抗风装置宜对称、分散地布置在建筑物的周边。

7 抗震墙下隔震支座的间距不宜大于 2.0m。

4.3.2 隔震层的受压承载力验算应符合下列要求：

1 隔震层总受压承载力设计值应大于上部结构总重力代表值的 1.1 倍。

2 每个隔震支座的受压承载力设计值应大于上部结构传递到隔震支座的重力代表值。

47

摩擦摆隔震支座的原理是什么？

答： 摩擦摆隔震支座是通过球形滑动表面的运动使上部结构发生单摆运动，隔震系统的周期和刚度通过选取合适的滑动表面曲率半径来控制，阻尼由动摩擦系数来控制。

摩擦摆隔震支座（FPS）（图 47-1）是一种有效的干摩擦滑移隔震系统，由滑块和弧形滑道组成，在滑块和滑道间喷涂低摩擦系数材料，兼具摩擦耗能和摆动复位功能的金属隔震支座。由于其具有对地震激励频率范围的低敏感性和高稳定性、有较强的自限位、复位能力，近年来逐渐成为一种具有发展前景的隔震支座。摩擦摆隔震原理于 1985 年由美国的 DR. Victor Zayas 首先提出，Zayas 博士创办了 EPS 公司，专门做摩擦摆隔震产品[47-1]。

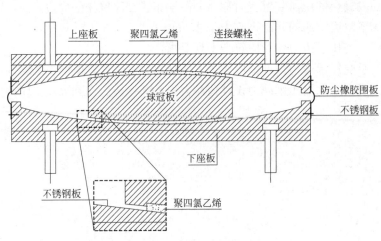

图 47-1　摩擦摆隔震支座

摩擦摆式隔震装置具有自复位功能，发生变位后可在重力的作用下沿摩擦球面自动回到中心平衡位置，隔震结构的周期基本上只取决于支座自身的参数设计，所以容易对地震响应进行预测和控制。摩擦摆支座的周期由曲率半径 R（滑移面的曲率半径）控制，支撑在摩擦摆上的刚性结构的自振周期由摆动公式 $T = 2\pi\sqrt{R/g}$ 决定，其中，g 为重力加速度。摩擦摆隔震支座的力学简图如图 47-2 所示。

摩擦摆隔震支座的主要参数有：等效曲率半径、静摩擦系数、动摩擦系数、等效刚度、等效阻尼比、屈后刚度、摆动周期、等效周期、基准竖向承载力、极限竖向承载力、极限位移。所有数据均须通过试验确定。其中最主要的参数是等效曲率半径（支座等效曲率半径计算简图如图 47-3 所示）及摩擦系数。由力学模型可知，摩擦摆的曲率半径决定支座的周期，半径越大，周期越长。摩擦系数与曲率半径又共同决定来摩擦摆的回复力，通过调整半径和摩擦介质可基本决定摩擦摆支座的周期、阻尼比、侧向位移等指标,非常便于设计。根据摩擦摆隔震支座工作原理,直接决定其力学性能的主要参数为:基准竖向承载力、支座极限位移量、支座摆动周期,这三个参数基本决定了摩擦摆隔震支座的可适用范围。

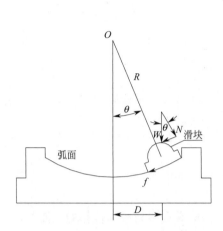

图 47-2 摩擦摆支座力学简图

D—水平滑移量;W—上部结构重力荷载;

N—上部结构重力荷载垂直作用于滑块的分量;

R—滑道面曲率半径;

θ—滑块转角;f—摩擦力

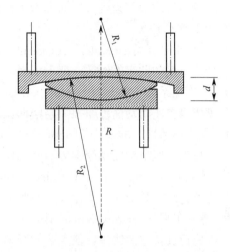

图 47-3 摩擦摆支座等效曲率半径计算简图

$$R = R_1 + R_2 - d$$

R—支座等效曲率半径(mm);

R_1—支座下滑动摩擦面曲率半径(mm);

R_2—支座上滑动摩擦面曲率半径(mm);

d—支座球冠体中间高度(mm)。

当地震作用在静摩擦力以下时,摩擦摆支撑的结构与传统结构相同,其振动不是隔震周期。当地震作用超过静摩擦力时,上部结构呈现出良好的单摆特性,其动态响应和阻尼是可以被支座特性所决定的,即摩擦摆的运动机制就是滑块在滑道面上摆动。由于摩擦摆隔震装置的刚度中心在重力作用下能够自动与隔震结构的质心重合,因而能在最大程度上消除结构的扭转运动。摩擦摆动支座的周期、竖向承载力、阻尼比、变形能力和抗扭能力均能被独立选择,这种特性便于设计人员对隔震系统进行优化设计。摩擦摆式支座利用摆式的力学原理,达到了延长结构自振周期的目的;通过对滑动面摩擦系数的优化来满足隔震设计要求。

双滑动面摩擦摆隔震系统是在 FPS 基础上提出来的新模型,在国内的研究处在起步发展阶段,在隔震建筑中的应用实例较为有限。双滑动面摩擦摆是由上、下两个圆弧滑道及具有一定质量的滑块组成,遭遇地震作用时,双滑面摩擦摆可基本沿水平地震作用方向发生位移,较单滑面摩擦摆能更直接地提供帮助上部结构回到初始位置的回复力。双滑面摩擦摆的示意图如图 47-4 所示,

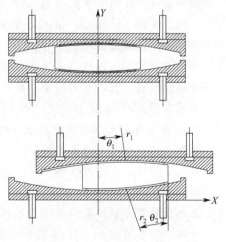

图 47-4 双滑面摩擦摆示意图

图中 θ_1 和 θ_2 分别为滑块偏离平衡位置的角度，r_1 和 r_2 分别为上、下滑道半径。

● **《建筑摩擦摆隔震支座》 GB/T 37358—2019**

3.1 摩擦摆隔震支座 friction pendulum isolation bearings
　　一种通过球面摆动延长周期和滑动界面摩擦消耗地震能量实现隔震功能的支座，简称摩擦摆支座或 FPS。

3.2 效曲率半径 equivalent curvature radius
　　理论单摆的曲率的倒数，即上下滑动面都曲面球心距。

3.3 静摩擦系数 static friction coefficient
　　摩擦摆支座滑动面静摩擦力与竖向压力的比值。

3.4 动摩擦系数 dynamic friction coefficient
　　摩擦摆支座滑动面动摩擦力与竖向压力的比值。

3.5 等效刚度 equivalent damping ratio
　　支座荷载位移曲线一个循环所吸收的能量与弹性变形能到 2π 倍之比。

3.6 等效阻尼比 equivalent stiffness
　　支座荷载位移曲线中极值点多割线斜率，即位移最大点多荷载与位移的比值。

3.7 屈后刚度 post-yield stiffness
　　支座荷载-位移滞回曲线中直线的斜率，即支座滞回曲线屈服后荷载增量与位移增量的比值。

3.8 摆动周期 oscillation period
　　根据支座等下曲率半径计算的支座摆动固有周期。

3.9 等效周期 equivalent period
　　地震作用下，根据支座等效刚度计算的支座摆动固有周期。

3.10 基准竖向承载力 basic vertical bearing capacity
　　支座正常使用状态承受的准永久竖向荷载值。

3.11 极限竖向承载力 ultimate vertical bearing capacity
　　支座正常工作所能承受的最大竖向荷载值。

3.12 极限位移 ultimate displacement
　　支座能提供的最大水平位移。

☆ 摩擦摆隔震支座以其出色的综合性能受到广泛关注，北京当代万国城是我国首次应用摩擦摆隔震支座，甘肃陇南市宕昌县职业中等专科学校实训楼是我国首栋采用超低摩擦系数摩擦摆隔震装置（CBS-FPSII），并经受过地震考研的实例，2020 年 12 月 28 日甘肃陇南市宕昌县发生 3.9 级地震，虽然该实训楼距离震中仅有 10km，但由于采用了超低摩擦系数摩擦摆隔震支座，极大地降低了地震作用对楼梯的影响。目前我国已开始广泛应用摩擦摆支座。新疆减隔震技术研究院办公楼是《建筑摩擦摆隔震支座》GB/T 37358—2019 正式实施以来，国内首例建筑摩擦摆支座产品实际应用工程。摩擦摆隔震支座较早在美国、日本和欧洲等地便得到了大量应用，部分已经受了地震考验，如美国旧金山国际机场候机大厅、土耳其伊斯坦布尔阿塔图尔克国际机场（图 47-5）、华盛顿州应急指挥中心和西雅图海鹰美式足球场（图 47-6）遭遇地震后未发生破坏，验证了摩擦摆支座的隔震性能。

图 47-5 土耳其伊斯坦布尔阿塔图尔克国际机场

图 47-6 西雅图海鹰美式足球场

参考文献：

［47-1］ V. Zayas，S. Low，S. Mahin. The FPS earthquake resisting system. Report UCB/EERC-87/01，Earthquake Engineering Research Center，University of California at Berkeley，1987.

48

摩擦摆隔震支座相对于叠层橡胶隔震支座有哪些优越性？

答：摩擦摆隔震支座具有对地震激励频率范围的低敏感性和高稳定性，以及较强的自限位、自复位能力、优良的耐久性等优点。

由于摩擦摆隔震支座以摆动的特性延长上部结构的自振周期，所以可以通过调整滑面曲率半径 R 值来决定摩擦摆支座的周期，使结构基本周期避开设计反应谱峰值。在 U. S. Court of Appleals Building 中的原型支座试验中，得出摩擦摆的滞回曲线在循环往复荷载作用下具有理想的无退化的双线性特征，表明摩擦滑移摆支座在位移允许范围内能够保持完整的强度和稳定性。

由摩擦摆隔震支座的原理可知：摩擦摆支座的刚度中心具有自复位特点，支座的横向刚度中心始终和上部结构的质量中心相一致，同时由于球形滑面摩擦力和上部结构的重量成正比，支座群的摩擦力中心和结构的质量中心相一致，这就使上部结构能够有效降低偶然偏心所造成的不利扭转运动；由于摩擦摆支座优异的抗扭性能减小了结构的扭转运动和应力，支座的水平剪力也相应大幅度减小，从而增加了整体结构的安全性，同时也减少了支座变形。

摩擦摆隔震支座的强度相比叠层橡胶支座高 7～10 倍，更重要的是，摩擦摆隔震支座在水平设计位移值下保持了很好的水平刚度，而叠层橡胶支座在设计位移值下只有初始剪切刚度的 1/2，这也使得摩擦摆隔震支座的抗倾覆刚度远大于叠层橡胶支座。通过实验和分析，摩擦摆支座具有较长的振动周期，其位移值可达近 2m，能够提供 0.01～0.06 的动摩擦系数、10％～40％的等效阻尼比，独立支座能够承受高达 1.2 万 t 的竖向荷载和 900t 的拉力荷载；以上这些特性决定了摩擦摆隔震支座具备较好的抗震性能，通过降低上部竖向构件刚度失效的可能性，亦即降低了支座竖向位移的要求，从而减少了通过建筑基础底部传递倾覆弯矩的需求，这些都能够有效地降低整体结构的造价。

从材料角度而言，摩擦摆式隔震装置主要由金属材料制成，支座用钢基本为 316 不锈钢，金属材料在长期固定压力状态下，应变随时间延长不断增加，摩擦摆支座属金属材料，通过蠕变试验发现，在 30MPa 作用下 240h，应变量仅 0.1mm，根据蠕变趋势计算，100 年应变量不足 1mm，对于一栋建筑栋体量而言其应变量基本可忽略。此外摩擦摆金属支座耐腐蚀性经受过实践考验，在普通工业城市环境下，可保持 30 年以上不发生锈蚀，即使是腐蚀性较大的海洋环境仅会发生轻微锈蚀。与叠层橡胶支座相比较，摩擦摆隔震支座加工质量更容易保证，具有更高的可靠性；对环境的实用性强，摩擦摆隔震支座常用摩擦材料是一种摩擦系数小抗压性能好的复合材料，稳定性很高，经久耐用，该材料在不添加润滑剂的情况下仍能较好地保证低摩擦系数的特性，这种高分子材料基本不会与金属材料发生黏着现象。通过对大量样品进行的荷载停歇测试，测试时间从 0.5h 到 594d 不等，发现静摩擦系数基本没变。摩擦摆式隔震装置在大震作用下不会有损伤，有效减少了更换支座的风险；摩擦摆隔震支座的设计和施工更加简单。这两种隔震支座的性能对比见表 48-1。

摩擦摆支座与叠层橡胶支座性能对比   表 48-1

项目	叠层橡胶支座	摩擦摆支座
垂直荷载	50～2000t	日前可达 12000t
侧向位移	一般控制在 400mm 以内	目前可达 1.5m
垂直压缩	存在	无
倾覆	须验算并有效防止倾覆	自带限位装置防倾覆
防火要求	高	无需防火
环境温度	温度过低橡胶会变硬	无需考虑
周期计算	不稳定	周期可控
老化	存在一定橡胶老化问题	使用年限内可忽略

● 《建筑摩擦摆隔震支座》GB/T 37358—2019

5.1.2.4 支座用不锈钢板宜采用 06Cr19Ni10、06Cr17Ni12Mo2、06Cr19Ni13Mo3，处于严重腐蚀环境的支座宜采用 022Cr17Ni14Mo2 或 022Cr19Ni13Mo3 不锈钢板。其化学成分及力学性能应符合 GB/T 3280 的有关规定。

5.1.3 防尘橡胶材料

支座防尘围板可采用三元乙丙橡胶。

5.2.2 金属摩擦面处理

金属摩擦面可采用电镀硬铬、包覆不锈钢板等方式处理。采用电镀硬铬时，其表面不应有表面孔隙、收缩裂纹和疤痕哥，镀铬层的厚度不应小于 $100\mu m$，且镀铬层应满足 GB/T 11379 的要求。采用包覆不锈钢板，包覆后的不锈钢板表面不应有褶皱，且应与基底钢板密贴，不应有脱空现象。对于处于严重腐蚀环境的支座，宜采用包覆不锈钢板的处理方式。

5.3 支座的防腐与防尘

5.3.1 支座钢件表面应根据不同的环境条件按 TB/T 1527 采用相适应的涂装防护体系进行防护。

5.3.2 支座的防尘装置应按设计图纸的要求制造和安装，应可靠、有效，且便于安装及日常维修养护。

49

摩擦摆隔震支座的检验和质量验收有哪些要求？

答：质量验收应执行《建筑隔震工程施工及验收规范》JGJ 360—2015 和《建筑摩擦摆隔震支座》GB/T 37358—2019 相关要求。

在《建筑摩擦摆隔震支座》GB/T 37358—2019 出台之前，国内摩擦摆隔震支座应用还不多，随着相关研究的深入及产品技术日趋成熟，其优越性也展露无遗，现已被广泛应用在实际工程中，产品设计标准也随之孕育而出。摩擦摆隔震支座的检验大致分为支座材料及制作性能。支座材料方面主要包括：摩擦材料、不锈钢板、胶粘剂；防尘板橡胶。制作性能方面主要包括：外观质量、尺寸偏差和支座力学性能试验（竖向承载能力、压缩变形、剪切性能及相关性试验、水平极限变形试验）。

此外从材料角度而言，摩擦摆支座需具备一定的耐磨性能，摩擦过程中不锈钢所产生的划痕需小于 0.05mm；支座还需具备一定的耐久性，在进行老化试验之前，需测试摩擦材料的动摩擦系数。不锈钢板采用全面积粘结或者连续角焊连接，假如用不锈钢板覆盖的地方能防锈以及污染物导致的生锈，那么不锈钢板后面的衬板，不需要进一步的防腐蚀处理。应防止焊接裂缝在任何情况下可能产生的潮湿污染物。滑动材料和不锈钢板后通过约束、螺钉或者铆钉连接的衬板区域，应通过覆盖物保护（厚度为 $20\sim100\mu m$ 的干薄膜）。滑动面的防污应由合适的装置提供。这种装置应能方便移动以便检查。

摩擦摆隔震支座所有配件应在工厂内完成组装，作为一个完整的整体合理包装并存放，运送前须经过外包装检查是否完整。包装须具备应有的安全度，防止运输和存放过程中发生损坏，并应逐一做记录，标识归档。支座在出库直至安装后均应在制造商的协助下完成。

以下为《建筑摩擦摆隔震支座》GB/T 37358—2019 有关产品检验的条文内容，《建筑隔震设计标准》GB 51408—2021 中隔震垫检验要求，以及与橡胶支座质量验收同样执行《建筑隔震工程施工及验收规范》JGJ 360—2015 相关要求，此处不再累述。

● **《建筑摩擦摆隔震支座》GB/T 37358—2019**

8.1 检验分类

8.1.1 每批支座产品出厂前应进行出厂检验。

8.1.2 厂家提供工程应用的建筑摩擦摆隔震支座新产品（新种类、新规格、新型号）进行认证鉴定时，或已有支座产品的规格、型号、结构、材料、工艺方法有较大改变时，应进行型式检验，并提供型式检验报告。

8.2 检验项目

8.2.1 出厂检验

支座用材料应按表11规定的检验项目进行出厂检验，并附有每批进料材质证明。成品制作应按表12规定的检验项目进行出厂检验。

8.2.2 型式检验

按表11和表12的规定进行。

表11 支座用材料的试验项目

序号	材料	试验项目	出厂检验	型式检验	检验周期	要求	试验方法
1	摩擦材料	物理机械性能、厚度、外观	√	√	每批原料不大于200kg/次	6.1.1	7.1.1
2	不锈钢板	外观	√	√	每批钢板	6.1.2	7.1.2
3	胶粘剂	滑板与钢板粘结剥离强度	√	√	每批	6.1.3	7.1.3
4	防尘板橡胶	物理机械性能	√	√	每批	6.1.4	7.1.4

注1："√"——进行试验；"×"——不进行试验。
注2：检验周期针对的是出厂检验。

表12 整体支座的试验项目

序号	性能	试验项目	出厂检验	型式检验	要求	试验方法	试件
1	外观质量	—	√	√	6.2	7.2	足尺
2	尺寸偏差	摩擦材料	√	√	6.3.1	7.3	足尺
3		金属摩擦面	√	√	6.3.2	7.3	足尺
4		机加工件	√	√	6.3.3	7.3	足尺
5		整体支座	√	√	6.3.4	7.3	足尺
6	支座力学性能试验	竖向压缩变形	√	√	6.4表7的1项	7.4.2表10的1项	足尺或缩尺
7		竖向承载力	×	√	6.4表7的2项	7.4.2表10的2项	
8		剪切性能试验	√	√	6.4表7的3~5项	7.4.2表10的3~5项	
9		剪切性能相关性试验	△	√	6.4表7的6,7项	7.4.2表10的6,7项	
10		水平极限变形试验	△	√	6.4的8项	7.4.2的8项	

注："√"——进行试验；"×"——不进行试验；△——可选择性试验。

8.3 检验结果的判定

8.3.1 出厂检验时，原材料检验项目应全部合格后方可出厂。整体支座检验可采用随机抽样的方式确定检测试件。若任一件抽样试件的一项性能不合格时，该次抽样检验不合格，不合格产品不得出厂。

对于一般建筑，每种产品抽样数量不应少于总数的20%；若有不合格试件时，应重新抽取总数的30%，若仍有不合格试件时，则应100%检测。

对重要建筑，每种产品抽样数量不应少于总数的50%；若有不合格试件时，应100%检测。

对于特别重要的建筑，产品抽样数量应为总数的 100%。

8.3.2 型式检验应由相应资质的质量监督检测机构进行。有下列情况之一时，应进行型式检验：

  a）新产品或老产品转厂生产的试制定型鉴定时；

  b）正常生产后，如结构、工艺、材料有较大改变，可能影响产品性能时；

  c）正常生产时，每五年定期进行一次；

  d）产品停产超过 1 年，再恢复生产时。

50 什么是弹性滑板支座？

答：弹性滑板支座是一种由橡胶支座部、滑移材料、滑移面板及上下连接组成的隔震支座。

弹性滑板支座是一种可由橡胶支座部、滑移材料、滑移面板及上、下连接板组成的隔震支座。可替代隔震橡胶支座的竖向承力构件，与橡胶隔震支座串联放置摩擦滑板，具有镜面不锈钢板与聚四氟乙烯组成的一对摩擦副，橡胶提供支座的水平初始刚度和竖向刚度，当水平剪切荷载小于静摩擦力时，水平变形仅由橡胶体产生，滑移材料与不锈钢板间的低摩擦系数低，地震时克服静摩擦力后支座滑动体在不锈钢板面上进行滑动，支座水平刚度变为零，可进一步延长结构的周期；当水平剪切荷载大于静摩擦力时，上部结构与基础将发生相对滑动，确保上部结构的安全。通常在结构竖向荷载较小处安装橡胶直径较小的弹性滑板支座即能满足竖向承载力的要求。弹性滑板支座的构造如图 50-1 所示。

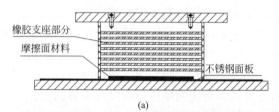

(a)

(b)

图 50-1 弹性滑板支座构造

（a）弹性滑板支座示意图；（b）弹性滑板支座实物图

弹性滑板支座由橡胶支座部、滑移材料、滑移面板及上下连接板组成，是弹性元件与摩擦元件的串联形式。其中，上、下预埋板分别与上部结构和基础相连，上、下底座通过螺栓与上、下预埋板相连，这种连接方式保证了支座的可更换性，只需用千斤顶将局部顶起，松开螺栓，将支座拉出即可完成维修和更换。上、下底座中间设置由镜面不锈钢板和聚四氟乙烯所构成的一对摩擦副，聚四氟乙烯板部分镶嵌在橡胶体内，与不锈钢板有很低的静摩擦系数，且与动摩擦系数相近。弹性滑板支座中橡胶体提供支座的水平初始刚度（第一刚度）和竖向刚度，当水平剪切荷载小于静摩擦力时，水平变形仅由橡胶体产生；当水平力大于摩擦力时，上部结构与基础就会产生相对滑动，使上部结构受到的水平力不大于该摩擦力，确保结构和设备的安全。

已有的研究发现摩擦承压比是影响复合隔震结构的隔震性能的重要参数，摩擦承压比 λ 是指复合隔震结构中滑板支座承担的竖向压力与上部结构总重之比[50-1]。通过弹性滑板复合隔震模型振动台试验研究发现模型基底剪力系数（基底剪力系数指基底所承受地震剪力与结构总重力荷载代表值的比值，反映结构的基底剪力大小）随摩擦承压比的增大，呈现先减小后增大的抛物线状，摩擦承压比 λ 在 0.17～0.5 之间时，最大基底剪力系数最小，且变化较为平缓。在此取值范围内，台面峰值加速度为 0.1g 时，复合隔震结构最大基底剪力系数接近纯橡胶支座隔震结构；峰值加速度为 (0.2～0.6)g 时，复合隔震结构最大基底剪力系数均明显小于纯橡胶支座隔震结构，且随台面峰值加速度的增大，这种见效的趋势越来越明显，也就是说地震烈度越高，复合隔震结构的优越性越明显。此外还得出在 Ⅱ、Ⅲ 类场地上复合隔震结构的优越性明显大于 Ⅰ 类场地，在 Ⅰ 类场地上复合隔震结构的基底剪力大小与纯橡胶支座结构的相当。此次试验模型结构的位移反应显示，随摩擦承压比的增大，隔震层最大位移呈先减小后增大的抛物线状，复合隔震最大相对位移与各位移峰值基本都小于纯橡胶支座隔震，说明复合隔震具有消减位移峰值的作用；复合隔震结构的加速度反应及位移反应的频率均高于纯橡胶支座隔震结构的时程反应；纯橡胶支座隔震结构以第 Ⅰ 振型反应为主，而复合隔震结构的反应与摩擦承压比有关，随摩擦承压比增大，高频反应峰值范围增大，低频反应幅值减小。基于本次试验模型，当弹性滑板数量适中、在合理的摩擦承压比（0.25～0.42）时，弹性滑板复合隔震是一种隔震性能良好的隔震体系。在该范围内复合隔震结构的地震反应没有明显的变化[50-2]。

弹性滑板支座的检验遵循《建筑隔震设计标准》GB/T 51408—2021 中隔震支座检验的要求：应通过型式检验和出厂检验，并符合型式检验和出厂检验相关规定的要求。

● **《建筑隔震设计标准》GB/T 51408—2021**

条文说明：

5.1.1 ……随着隔震技术的不断普及，隔震支座已不仅仅限于隔震橡胶支座，弹性滑板支座（ESB）和摩擦摆隔震支座（FPS）也逐渐在建筑工程中得到使用，特别是前者，我国已经制定并发行了相应的支座标准——产品标准《橡胶支座 第 5 部分：建筑隔震弹性滑板支座》GB 20688.5—2014，由于其可承担的面压相对隔震橡胶支座高，现已逐渐与隔震橡胶支座配合应用于高层隔震中。后者在桥梁隔震运用较多。

● **《橡胶支座 第 5 部分：建筑隔震弹性滑板支座》GB 20688.5—2014**

3.1 弹性滑板支座　elastic sliding bearing；ESB
　　由橡胶支座部、滑移材料、滑移面板及上、下连接板组成的隔震支座。
3.2 橡胶支座部　rubber bearing component；RBC
　　由内部橡胶和内部钢板叠合整体硫化而成的支座部分。

3.3　滑移材料　sliding material

　　与滑移面板组成摩擦副，提供滑移功能的材料。

3.4　滑移面板　sliding plate

　　提供摩擦滑移功能的面板。

5.2　按动摩擦系数分类

　　按照动摩擦系数大小，滑板支座可分为以下三类：

　　——低摩擦滑板支座：$\mu < 0.03$；

　　——中摩擦滑板支座：$0.03 \leqslant \mu \leqslant 0.06$；

　　——高摩擦滑板支座：$\mu > 0.06$。

参考文献：

[50-1] 杨树标，周书敬．砌体复合隔震结构设计方案的合理选择 [J]．建筑结构，2001（03）：64-66＋62.

[50-2] 贾剑辉，辛晓鹏，杨树标．弹性滑板复合隔震模型振动台试验研究 [J]．建筑结构，2012，42（10）：124-126.

51

弹性滑板支座的主要技术参数有哪些？

答：弹性滑板支座的主要技术参数有：橡胶支座部物理性能、摩擦副动摩擦系数、有效宽度、有效直径、第一形状系数、第二形状系数、最大压应力、弹性滑板支座水平性能、弹性滑板支座极限性能。

所有数据均须通过试验确定。

弹性滑板支座的标记型号信息包含制造厂的名字和企业的商标，滑板支座的类型，产品序列号或生产号码，滑板支座产品的尺寸。根据标记型号的信息查询厂家的产品目录，可得到所选弹性滑板支座的参数信息。

滑板支座的力学性能主要包括：压缩性能、剪切性能、剪切性能相关性（压应力相关性、加载速度相关性、反复加载次数相关性、温度相关性）、压缩性能相关性、极限性能（水平极限性能、竖向极限抗压性能）、耐久性能（老化性能、徐变性能）。

● 《橡胶支座 第5部分：建筑隔震弹性滑板支座》 GB 20688.5—2014

3.5 动摩擦系数 sliding friction coefficient
摩擦副滑移摩擦时摩擦力和正压力之间的比值。

3.10 有效承压面积 effective loaded area
橡胶支座部承受竖向荷载的面积，等于内部橡胶底平面面积。

3.11 有效宽度 effective width
方形橡胶支座部中内部钢板的边长。

3.12 有效直径 effective diameter
圆形橡胶支座中部内部钢板的直径。

3.13 第一形状系数 1st shape diameter
橡胶支座部中每层橡胶层的有效承压面积与其侧面面积之比。

3.14 第二形状系数 2nd shape diameter
对于圆形橡胶支座部，为内部橡胶层直径与内部橡胶总厚度之比。
对于方形橡胶支座部，为内部橡胶层有效宽度与内部橡胶总厚度之比。

3.16 最大压应力 maximum compressive stress
地震时作用于滑板支座上的最大压应力。

3.17 弹性滑板支座水平性能 shear properties of elastic sliding bearing

弹性滑板支座（ESB）的动摩擦系数（μ）和初始刚度（K_1）。

3.18 弹性滑板支座极限性能 ultimate properties of elastic sliding bearing

在压-剪荷载作用下滑板支座失效时的性能。

6.5 滑板支座性能要求

6.5.2 滑板支座设计要求

6.5.2.1 滑板支座滑移时橡胶支座部设计水平剪应变不宜大于 50%。

6.5.2.2 在重力荷载代表值作用下滑板支座设计压应力应不超过 25MPa。罕遇地震作用下瞬时面压应不超过 50MPa。

6.5.2.3 滑板支座的橡胶支座部的最小直径（或边长）尺寸不宜小于 300mm，第 1 形状系数不宜小于 30，第 2 形状系数应不小于 7。

9 标志和标签

9.1 内容

滑板支座产品的标志和标签应提供以下信息:

a) 制造厂的名字和企业的商标;

b) 滑板支座的类型: 圆形滑板支座, 方形滑板支座;

c) 产品序列号或生产号码;

d) 滑板支座产品的尺寸。

滑板支座用 ESB 来表示, 当滑移材料为聚四氟乙烯时用 ESB-T 来表示, 当滑移材料为改性超高分子量聚乙烯时用 ESB-H 来表示。具体标注方法如下:

圆形滑板支座可标注为 "ESB-T（或 H）-I) 有效直径尺寸"; 方形滑板支座可标注为 "ESB-T（或 H）-有效边长尺寸", 尺寸单位为 mm。

示例 1: 有效直径为 800mm 的圆形聚四氟乙烯滑板支座可表示为 ESB-T-D800;

示例 2: 有效边长为 800mm 的方形改性超高分子量聚乙烯滑板支座可表示为 ESB-H-800。

9.2 要求

滑板支座产品的标志和标签应符合以下要求:

a) 标志和标签应显示在滑板支座的侧表面;

b) 标志和标签应防水且耐磨损;

c) 标志和标签应方便辨认, 字母的高度和宽度应大于 5mm。

9.3 示例

滑板支座的标志和标签可以表示成以下两种形式:

a) 表示成一行的形式:

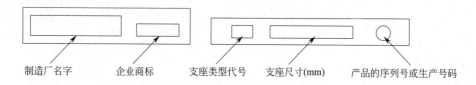

制造厂名字　　企业商标　　支座类型代号　　支座尺寸(mm)　　产品的序列号或生产号码

b) 表示成两行的形式：

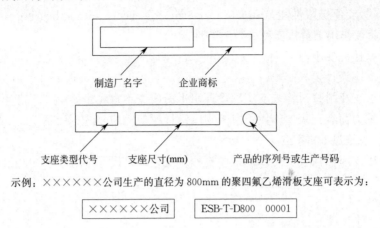

示例：××××××公司生产的直径为 800mm 的聚四氟乙烯滑板支座可表示为：

| ××××××公司 | ESB-T-D800　00001 |

52

弹性滑板支座有哪些优点？

答：弹性滑板支座具有竖向承载力高、摩擦系数小、长期性能稳定、无环境污染等优点。

弹性滑移支座除具有普通橡胶支座的竖向刚度与弹性变形，且能承受垂直荷载及适应梁端转动外，从材料性能及其构造来看，由于基本是由钢材承受荷载，且聚四氟乙烯的耐磨性好，弹性滑板支座还具有以下优点：

1. 相同直径的弹性滑板支座承载力大于叠层橡胶支座，在保证竖向承载力的前提下，支座直径较橡胶支座有明显优势；横向膨胀和竖向变形小于叠层橡胶支座；

2. 无叠层橡胶支座的老化及环境污染问题，长期性能稳定；

3. 滑动相对位移较叠层橡胶支座大，不受支座高度的限制；

4. 由弹性滑板支座的构造，其可更换性优于叠层橡胶支座，操作便捷；

5. 可适合于软土场地。

关于建筑场地，由于软土场地滤掉了地震波中的中高频分量，延长隔震结构的周期可能会导致隔震层的位移非常大，所以采用基础隔震的建筑更适合建造在硬土场地上。当需要在软土地基上建造隔震建筑时，若采用橡胶支座，则隔震层刚度可能太大，不宜延长结构周期，而弹性滑板支座动力水平滑动时的刚度为零，对地震动频谱特性敏感度低，同时具有滑动位移限值大的特点，特别适用于软土场地的隔震设计。在多遇水平地震作用下，弹性滑板支座初始刚度小，隔震效果好；在罕遇地震作用下，滑板滑动，与滑板串联的小直径橡胶垫变形能力不受隔震层最大水平位移的限制，可以降低隔震层造价[52-1]。

通过对 ESB600 弹性滑板支座性能试验研究[52-2] 可知，我国生产的低摩擦系数的弹性滑板支座的性能稳定，动摩擦系数与竖向面压与加载速度相关，在 1‰～3‰。弹性滑板支座的摩擦系数随加载的次数增加略有增大，但变化不大。在地震作用时，支座摩擦系数稳定。

需要注意的是，弹性滑板支座不提供恢复力，地震后会产生一定的残余位移，因此适合与叠层橡胶支座配合使用。地震时橡胶支座承受竖向荷载有限，但可提供恢复力以保证结构能够恢复原位；而弹性滑板支座可承受较大竖向荷载，这种取长补短的互补搭配已逐渐运用在实际工程中。关于弹性滑板支座在较高速度下的性能，由于受设备加载速度限制[52-2]，支座的老化性能、徐变性能和温度相关性还需进一步研究与确定。

参考文献：

[52-1] 杨树标，李振宁．几种隔震体系的地震反应分析 [J]．特种结构，2001（01）：36-38.

[52-2] 魏陆顺，王豫，周福霖．弹性滑板支座性能试验研究 [C]．第六届全国结构减震控制学术研讨会论文集，广州，2007：68-72.

53

弹性滑板支座可用于哪些部位，发挥什么作用？

答：弹性滑板支座多用于组合基础隔震中，主要设置在承受较大竖向压力的中间部位。

由前述弹性滑板支座的工作原理及其特点可知，弹性滑板支座竖向承载力优于普通橡胶隔震垫，根据橡胶支座主体和滑动面的构成，在支座滑移前，滑板支座处于弹性状态，水平刚度等于橡胶支座部分的水平刚度。当支座滑动后，由摩擦界面动摩擦力决定，水平和抗扭刚度则几乎为零，并且滑移后支座可以通过摩擦力做功达到耗能的作用。故弹性滑板支座与橡胶支座组合，容易兼顾隔震层刚度和隔震效果的平衡。

由于弹性滑板支座摩擦系数低，基本没有水平和抗扭刚度，故不宜将其设置在水平位移和扭转效应较大的部位，即不宜设置在建筑物周边及四角，而更适合设置在建筑物中间部位。此部位所承受的竖向压力较周边部位大很多，而扭转效应不明显。在建筑物配置了能够提供足够整体结构的侧向刚度、并且满足结构水平复位能力的情况下，非常适合与弹性滑板支座组合使用，各自发挥最大效用，以达到最佳隔震效果。

以某组合基础隔震工程为例，采用弹性滑板支座（SDL700）与橡胶支座组合使用，隔震支座平面布置示意图如图 53-1 所示，其中实心方格为弹性滑板支座，主要布置在了

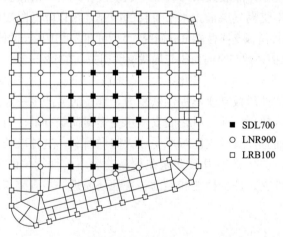

■ SDL700
○ LNR900
□ LRB100

图 53-1　某组合基础工程隔震支座平面布置示意图
■ SDL—滑板支座；○ LNR—橡胶支座；
□ LRB—铅芯橡胶支座

整个建筑平面的中心位置，而橡胶支座则沿建筑平面周边布置。

● **《建筑隔震设计标准》GB/T 51408—2021**

条文说明：

5.1.1 ……随着隔震技术的不断普及，隔震支座已不仅仅限于隔震橡胶支座，弹性滑板支座（ESB）和摩擦摆隔震支座（FPS）也逐渐在建筑工程中得到使用，特别是前者，我国已经制定并发行了相应的支座标准——产品标准《橡胶支座 第5部分：建筑隔震弹性滑板支座》GB 20688.5—2014，由于其可承担的面压相对隔震橡胶支座高，现已逐渐与隔震橡胶支座配合应用于高层隔震中。后者在桥梁隔震运用较多。

54

高阻尼橡胶支座的特点和用途是什么?

答：高阻尼橡胶支座通过改进橡胶配方，实现增大橡胶自身阻尼，从而提高支座整体阻尼比。主要用于对初始抗侧刚度要求较高的工程。

顾名思义，高阻尼隔震橡胶支座的特点即拥有高于普通隔震支座的阻尼，其刚度依赖于橡胶变形大小，当变形大时支座水平刚度小，当变形小时支座水平刚度大。对于高层隔震建筑，在风荷载作用下，高阻尼橡胶支座的大刚度可起到有效的制动作用；在水平地震大荷载作用下，通过水平的大变形耗散地震能量，支座水平刚度减小，从而达到更好的隔震效果。

目前国内建筑领域使用的高阻尼橡胶支座产品标准执行《建筑隔震橡胶支座》JG/T 118—2018，增加了高阻尼橡胶支座的物理机械性能指标。高阻尼橡胶支座的定义为"用复合橡胶制成的具有较高阻尼性能的支座"；通过与天然橡胶支座的相关性能指标对比，高阻尼橡胶支座的各项性能要求均高于天然橡胶支座和铅芯橡胶支座，体现了高阻尼橡胶支座的特点。

此前，高阻尼橡胶支座主要在桥梁工程中应用，我国交通运输行业出台了相关标准《桥梁超高阻尼隔震橡胶支座》JT/T 928—2014，于2014年11月1日实施。超高阻尼隔震橡胶支座的定义为"采用高阻尼橡胶制成的阻尼比大于20%的隔震橡胶支座，通过支座在水平方向的大位移剪切变形及滞回耗能实现结构的减隔震功能"，其使用条件为"竖向承载力不大于21000kN，抗震设防烈度为水平峰值加速度0.4g及以下地震烈度区的各类桥梁工程的超高阻尼橡胶支座"，由此也可以看出高阻尼橡胶支座的适用特点。

● 《建筑隔震橡胶支座》JG/T 118—2018

6.6　相关性能

6.6.1　天然橡胶支座和铅芯橡胶支座相关性能要求应符合表7的规定。

表7　天然橡胶支座和铅芯橡胶支座相关性能要求

项目		性能要求
竖向应力相关性能	水平等效刚度,屈服力变化率(LRB)	+15%
	等效阻尼比变化率(LRB)	
大变形相关性能	水平等效刚度,屈服力变化率(LRB)	+20%
	等效阻尼比变化率(LRB)	

项目		性能要求
加载频率相关性能	水平等效刚度,屈服力变化率(LRB)	+10%
	等效阻尼比变化率(LRB)	
温度相关性能	水平等效刚度,屈服力变化率(LRB)	+25%
	等效阻尼比变化率(LRB)	

6.6.2 高阻尼橡胶支座相关性能要求应符合表 8 的规定。

表 8 高阻尼橡胶支座相关性能要求

项目		性能要求
竖向应力相关性能	水平等效刚度变化率	+25%
	等效阻尼比变化率	
大变形相关性能	水平等效刚度变化率	+25%
	等效阻尼比变化率	
加载频率相关性能	水平等效刚度变化率	+25%
	等效阻尼比变化率	
温度相关性能	水平等效刚度变化率	0℃~40℃:+25%;
	等效阻尼比变化率	−10℃~0℃:+40%

55

隔震建筑是否需要考虑断裂带近场效应？

答：隔震建筑的设计，如场地附近存在发震断裂带，应考虑近场效应。

隔震建筑考虑近场效应，一是断裂带附近的地震动影响复杂，更重要的是采用隔震技术后，上部结构的安全储备较常规抗震建筑储备有限。

发震断裂层：即全新世活断层，指发生地震的断层，亦称为发震断裂带，是一种活断层，有主断层面及其两侧破碎岩块以及若干次级断层或破裂面组成的地带。它不仅是一条"长寿"的以剪切运动为主的深断裂带，而且是一条近期仍继承着新构造运动方式，以右旋逆推为主的活断裂带，同时也是一条具有明显分段、活动程度不等的地震活动带。《岩土工程勘察规范》GB 50021—2021 中全新活动断裂中、近期（近 500 年来）发生过地震震级 $M \geqslant 5$ 级的断裂，在今后 100 年内，可能发生 $M \geqslant 5$ 级的断裂，可定为发震断裂。故发震断裂带具有地震活动的可能，对所在区域内建筑的潜在破坏性更大。

近场地震动是指当震源距较小时，震源辐射地震波中的近场和中场项不能忽略的区域的地震动。一般来说近断层脉冲型地震动的加速度、速度和位移时程幅值较大；低频分量丰富，特征周期延长持时较短；断层走向的法向分量和平行分量的地震动特征和强度差别显著。与中远场地地震动相比，近断层地震动具有突出特点，具体表现的速度脉冲并伴随有永久地面位移、显著的竖向地震以及上下盘效应等，其均有可能增加近断层建筑结构的动力响应并加重震害。"目前，鲜有隔震结构在近断层处经历强震的相关资料，近断层隔震结构地震反应更多的是通过输入近断层地震动进行理论分析和探讨"[55-1]。

近场地震中，位移冲击对高层及基底隔震结构延性的要求远大于目前规范所规定的水平。由于具有明显的加速度、速度和位移冲击，近场地震会使结构产生较大的基底剪力、层间位移和顶层位移，从近场记录得到的非弹性位移比也远大于由远场记录所得到的值。震害表明断层附近是地震破坏最严重的区域，由于工程建设上的需要，美国和欧洲的抗震规范都开始考虑近断层场地的地震动输入修正方法。

● 《建筑与市政工程抗震通用规范》GB 55002—2021

4.1.1 各类建筑与市政工程地震作用计算时，设计地震动参数应根据设防烈度按本规范第 2.2 节的相关规定确定，并按下列规定进行调整：（强条）

1 当工程结构处于发震断裂带两侧 10km 以内时，应计入近场效应对设计地震动参数的影响。

● 《建筑抗震设计规范》GB 50011—2010（2016 年版）

12.2.2 ……当处于发震断层 10km 以内时，输入地震波应考虑近场影响系数，5km 以内取 1.5，5km 以外可取不小于 1.25。

条文说明：

12.2.2 ……本次修订，当隔震结构位于发震断裂主断裂带 10km 以内时，要求各个设防类别的房屋均应计及地震近场效应。

附录 L.1.3 隔震层质心处在罕遇地震下的水平位移……近场系数；距发震断层 5km 以内取 1.5；（5～10）km 取不小于 1.25。

● 《建筑隔震设计标准》GB/T 51408—2021

4.1.4 当处于发震断层 10km 以内时，隔震结构地震作用计算应考虑近场影响，乘以增大系数，5km 及以内宜取 1.25，5km 以外可取不小于 1.15。

条文说明：4.1.4 目前，对于近断层地震动的认识还十分有限。对于近断层地震动的速度脉冲和永久位移等特性的产生机理尚不明确。近断层地震动特性对建筑结构的影响研究也不充分。而且，在大多数近断层地震动中，并没有速度脉冲和永久位移特性，只有非常少量的地震动具有速度脉冲和永久位移特性（2007 年，Jack W. Baker 对 3500 条正断层的强震记录进行研究，仅得到了 91 条含有速度脉冲的强震记录）。

绝大多数国家的标准中，没有考虑近断层地震动对隔震结构和传统抗震结构的增大系数。美国《Uniform Building Code 1997》中，对近断层增大系数进行了较为详细的规定，但是在《International Building Code》到目前为止的各个版本中并没有相关规定。我国国家标准《建筑抗震设计规范》GB 50011 从 2001 年版开始，参照"UBC97"规定，要求隔震结构需考虑近场系数。

《Uniform Building Code 1997》中，只有 $Z \geqslant 0.40$ 区（相当于我国基本烈度 9 度区），考虑近场效应对反应谱等效峰值加速度的影响，同时将发震断层按活动强烈程度划分为 A、B、C 三个等级，不同等级发震断层增大系数不同。其中 A 级发震断层（最大发震震级不小于 7 级，滑动速率大于每年 5mm）10km 范围的场地要考虑近场系数，B、C 级发震断层 5km 外不考虑近场系数。由于我国对发震断层的研究不充分，目前尚不可能对所有发震断层的活动性给出较明确的结论并进行分级。

☆ 注意，近场效应放大系数，《建筑抗震设计规范》GB 50011—2010（2016 年版）和《建筑隔震设计标准》GB/T 51408—2021 不同，需按设计时选定的设计依据标准，分别取用。

参考文献：

[55-1] 火明譞，赵亚敏，陆鸣. 近断层地震作用隔震结构研究现状综述 [J]. 世界地震工程，2012，28（03）：161-170.

56

隔震建筑的建设场地为液化地基土时有哪些要求？

答：隔震建筑的建设场地为液化地基土时，特殊设防和重点设防类建筑的抗液化措施应按提高一个液化等级确定，直至全部消除液化沉陷。

液化场地土对建筑的危害程度十分严重，尤其发生震害后，难以修复。

《建筑抗震设计规范》GB 50011—2010（2016 年版）要求甲、乙类建筑的抗液化措施应按提高一个液化等级确定，直至全部消除液化沉陷。

《建筑隔震设计标准》GB/T 51408—2021，对重点设防类建筑的地基抗液化措施，应按提高一个液化等级确定；对特殊设防类建筑的地基抗液化措施应进行专门研究，且不应低于重点设防类建筑的相应要求，直至全部消除液化沉陷。

● 《建筑与市政工程抗震通用规范》GB 55002—2021

5.1.10 隔震建筑地基基础的抗震验算和地基处理仍应按本地区抗震设防烈度进行，甲、乙类建筑的抗液化措施应提高一个液化等级确定，直至全部消除液化沉陷。（强条）

● 《建筑抗震设计规范》GB 50011—2010（2016 年版）

12.2.9 ……

3 隔震建筑地基基础的抗震验算和地基处理仍应按本地区抗震设防烈度进行，甲、乙类建筑的抗液化措施应按提高一个液化等级确定，直至全部消除液化沉陷。

● 《建筑隔震设计标准》GB/T 51408—2021

3.2.4 隔震建筑地基基础的抗震构造措施，应符合现行国家标准《建筑抗震设计规范》GB 50011 的规定。对重点设防类建筑的地基抗液化措施，应按提高一个液化等级确定；对特殊设防类建筑的地基抗液化措施应进行专门研究，且不应低于重点设防类建筑的相应要求，直至全部消除液化沉陷。

条文说明：

3.2.2 为保证隔震层在地震作用时提供设计预期的力学性能，隔震建筑的地基与基础的变形应该整体协调、一致，隔震层不同位置支座对应的地基与基础不能发生明显的局部变形（包括水平和竖向）。当地基为软弱黏性土、液化土、新近填土或严重不均匀土时，应根据地震时地基不均匀沉降和其他不利影响，采取相应的措施加强地基基础的整体性。

57

哪些隔震建筑需要考虑竖向地震作用？

答：抗震设防烈度 7 度 (0.15g)、8 度和 9 度时的长悬臂或大跨结构，以及 9 度时的高层建筑结构，隔震设计时应计算竖向地震作用。

由于目前常用隔震装置均只能隔离水平地震作用，而不能隔离结构的竖向地震作用，且隔震后地震发生时，有可能出现隔震结构的竖向地震作用大于其水平地震作用的情况，因此隔震结构的竖向地震影响不可忽略，须加以重视。对于隔震建筑，尤其要注意与抵抗竖向地震作用有关的抗震构造措施不得降低。

2021 年实施的《建筑隔震设计标准》GB/T 51408—2021 对需要考虑竖向地震作用的隔震建筑范围做了扩充，由《建筑抗震设计规范》GB 50011—2010（2016 年版）规定的抗震设防烈度为 8、9 度地区基础上，增加了 7 度（0.15g）地区。同时，若采用《建筑抗震设计规范》GB 50011—2010（2016 年版）的减震系数法进行隔震设计，当 8、9 度隔震建筑的减震系数不大于 0.3 时，应考虑竖向地震作用。

● **《建筑抗震设计规范》GB 50011—2010（2016 年版）**

5.1.1 ……

    4 ……

    注：8、9 度时采用隔震设计的建筑结构，应按有关规定计算竖向地震作用。

12.2.1 ……隔震层以上结构的水平地震作用应根据水平向减震系数确定；其竖向地震作用标准值，8 度（0.20g）、8 度（0.30g）和 9 度时分别不应小于隔震层以上结构总重力荷载代表值的 20%、30% 和 40%。

条文说明：

    ……但必须注意，结构所受的地震作用，既有水平向也有竖向，目前的橡胶隔震支座只具有隔离水平地震的功能，对竖向地震没有隔震效果，隔震后结构的竖向地震作用可能大于水平地震作用，应予以重视并做相应的验算，采取适当的措施。

12.2.5 ……

    4 9 度时和 8 度且水平向减震系数不大于 0.3 时，隔震层以上的结构应进行竖向地震作用的计算。隔震层以上结构竖向地震作用标准值计算时，各楼层可视为质点，并按本规范式(5.3.1-2)计算竖向地震作用标准值沿高度的分布。

条文说明：

……考虑到隔震层不能隔离结构的竖向地震作用，隔震结构的竖向地震作用可能大于其水平地震作用。竖向地震的影响不可忽略，故至少要求 9 度时和 8 度水平向减震系数为 0.30 时应进行竖向地震作用验算。

12.2.7 ……

2 隔震层以上结构的抗震措施，当水平向减震系数大于 0.40 时（设置阻尼器时为 0.38）不应降低非隔震时的有关要求；水平向减震系数不大于 0.40 时（设置阻尼器时为 0.38），可适当降低本规范有关章节对非隔震建筑的要求，但烈度降低不得超过 1 度，与抵抗竖向地震作用有关的抗震构造措施不应降低。此时，对砌体结构，可按本规范附录 L 采取抗震构造措施。

注：与抵抗竖向地震作用有关的抗震措施，对钢筋混凝土结构，指墙、柱的轴压比规定；对砌体结构，指外墙尽端墙体的最小尺寸和圈梁的有关规定。

条文说明：

考虑到隔震层对竖向地震作用没有隔振效果，隔震层以上结构的抗震构造措施应保留与竖向抗力有关的要求。本次修订，与抵抗竖向地震有关的措施用条注的方式予以明确。

● 《建筑隔震设计标准》GB/T 51408—2021

4.1.1 ……

4 抗震设防烈度 7 度（0.15g）、8 度和 9 度时的长悬臂或大跨结构，以及 9 度时的高层建筑结构，应计算竖向地震作用。

4.3.7 对于抗震设防烈度为 9 度的隔震高层建筑，竖向地震作用标准值的计算应符合下列规定：

1 采用振型分解反应谱法计算竖向地震作用时，其竖向地震影响系数最大值 $\alpha_{\max}$ 可采用本标准第 4.2.1 条规定的水平地震影响系数最大值的 65%，但特征周期可均按设计地震第一组采用。

2 计算上部结构的竖向地震作用标准值时，各楼层可视为质点；设防地震作用下楼层的竖向地震作用标准值可按各构件承受的重力荷载代表值的比例分配，并应按下列公式确定：

$$F_{\mathrm{Evk}} = \alpha_{\mathrm{vmax}} G_{\mathrm{eq}} \tag{4.3.7-1}$$

$$F_{\mathrm{vi}} = \frac{G_i H_i}{\sum\limits_{j=1}^{n} G_j H_j} F_{\mathrm{Evk}} \ (i = 1 \cdots\cdots n) \tag{4.3.7-2}$$

式中：F_{Evk}——结构总竖向地震作用标准值（kN）；

F_{vi}——质点 i 的竖向地震作用标准值（kN）；

α_{vmax}——竖向地震影响系数的最大值；

G_{eq}——结构等效总重力荷载（kN），可取其重力荷载代表值的 75%；

H_i、H_j——结构质点 i、j 的计算高度。

3 隔震层竖向阻尼比取值可取上部结构阻尼比，且不宜大于 0.05。

4.4.6 在设防地震作用下，隔震建筑的结构构件应按下列规定进行设计：

1 关键构件的抗震承载力应符合下式规定：

$$\gamma_G S_{GE} + \gamma_{Eh} S_{Ehk} + \gamma_{Ev} S_{Evk} \leqslant R/\gamma_{RE} \qquad (4.4.6\text{-}1)$$

式中：R——构件承载力设计值（N）；

γ_{RE}——构件承载力抗震调整系数，应符合现行国家标准《建筑抗震设计规范》GB 50011 的规定；

S_{GE}——重力荷载代表值的效应（N）；

γ_G——重力荷载代表值的分项系数，应符合现行国家标准《建筑抗震设计规范》GB 50011 的规定；

S_{Ehk}——水平地震作用标准值的效应（N），尚应乘以相应的增大、调整系数；

γ_{Eh}——水平地震作用分项系数，应符合现行国家标准《建筑抗震设计规范》GB 50011 的规定；

S_{Evk}——竖向地震作用标准值的效应（N），尚应乘以相应的增大、调整系数；

γ_{Ev}——竖向地震作用分项系数，应符合现行国家标准《建筑抗震设计规范》GB 50011 的规定。

2　普通竖向混凝土构件的受剪承载力应符合本标准式(4.4.6-1)的规定，正截面承载力应符合式(4.4.6-2)、式(4.4.6-3) 的规定：

$$S_{GE} + S_{Ehk} + 0.4 S_{Evk} \leqslant R_k \qquad (4.4.6\text{-}2)$$

$$S_{GE} + 0.4 S_{Ehk} + S_{Evk} \leqslant R_k \qquad (4.4.6\text{-}3)$$

式中：R_k——构件承载力标准值（N），按材料强度标准值计算。

3　普通水平构件的抗剪承载力应符合本标准式(4.4.6-2) 的规定，构件正截面承载力应符合式(4.4.6-4) 的规定：

$$S_{GE} + S_{Ehk} + 0.4 S_{Evk} \leqslant R_k^* \qquad (4.4.6\text{-}4)$$

式中：R_k^*——构件承载力标准值（N），按材料强度标准值计算，对钢筋混凝土梁支座或节点边缘截面可考虑钢筋的超强系数 1.25。

58 进行隔震建筑的结构设计，有哪些方法？

答：隔震建筑的结构设计方法有底部剪力法、振型分解反应谱法和时程分析法；按依据的不同规范、标准要求，又分为减震系数法和整体分析法。

结构设计分析方法和分析软件的进步是隔震技术应用的一个重要促进因素。按分析方法可分为：

1. 底部剪力法

对于隔震结构体系，先将上部结构简化为等效单质点体系，在永久荷载＋可变荷载组合作用下计算求得隔震支座的竖向平均压应力设计值，由此初步设置隔震支座的规格及数量。根据场地类别、设计地震分组、抗震设防目标、质量比和结构自振周期及阻尼比等就可以求解出隔震后结构的基本周期、隔震结构的水平向减震系数、减震后上部结构的水平地震作用大小和分布、隔震支座多遇或罕遇地震下的水平剪力和位移等。砌体结构以及与砌体结构基本周期相当的钢筋混凝土结构（基本自振周期可取 0.4s）可采用简化计算方法，简化方法中地震作用沿竖向分布宜按均匀分布，亦可利用程序采用倒三角形分布（偏于安全）。

2. 振型分解反应谱法

振型分解反应谱法分为实振型分解反应谱法及复振型分解反应谱法。体型较规则、高度不大于 60m 且隔震装置组合较常规时，振型分解反应谱法仍是最基本的分析方法。因隔震层阻尼比与上部结构明显不同，隔震整体结构属非比例阻尼结构，若仍采用只考虑质量矩阵和刚度矩阵的实振型分解反应谱法是不合理的。《建筑隔震设计标准》GB/T 51408—2021 采用同时考虑质量矩阵、刚度矩阵及阻尼矩阵的复振型分解反应谱法能够得到结构体系的真实动力特性，在理论上对非比例阻尼问题的处理是精确的。

3. 时程分析法

对于房屋高度大于 60m 的隔震建筑，不规则的建筑或隔震层隔震支座、阻尼装置及其他装置的组合复杂的隔震建筑，尚应采用时程分析法进行补充计算。

按分析所依据的规范、标准可分为：

1. 减震系数法

《建筑抗震设计规范》GB 50011—2010（2016 年版）的一般隔震结构基本设计方法为减震系数法，亦称分部设计法。所谓分部设计法，是指将整个隔震结构分为上部结构、隔震层、下部结构及基础等部分，分别进行设计。计算下部结构和基础时需要导出上部结构通过隔震层传下的荷载。

2. 整体分析计算法

《建筑隔震设计标准》GB/T 51408—2021 要求将上部结构、隔震层、下部结构及基础建立整体模型分析计算,考虑隔震层的实际刚度和阻尼比,与上部结构协同工作,考虑整体结构的实际减震效果。

随着《建筑隔震设计标准》GB/T 51408—2021 的颁布以及计算软件的不断进步,对于复杂隔震结构宜采取恰当的、合适的力学模型进行整体分析(上部结构+隔震层+下部结构联合分析)。

● **《建筑抗震设计规范》GB 50011—2010（2016 年版)**

12.2.2 建筑结构隔震设计的计算分析,应符合下列规定:

1 隔震体系的计算简图,应增加由隔震支座及其顶部梁板组成的质点;对变形特征为剪切型的结构可采用剪切模型;当隔震层以上结构的质心与隔震刚度中心不重合时,应计入扭转效应的影响。隔震层顶部的梁板结构,应作为其上部结构的一部分进行计算和设计。

2 一般情况下,宜采用时程分析法进行计算;输入地震波的反应谱特性和数量,应符合本规范第 5.1.2 条的规定,计算结果宜取其包络值;当处于发震断层 10km 以内时,输入地震波应考虑近场影响系数,5km 以内宜取 1.5,5km 以外可取不小于 1.25。

3 砌体结构及基本周期与其相当的结构可按本规范附录 L 简化计算。

● **《建筑隔震设计标准》GB/T 51408—2021**

4.1.3 隔震结构地震作用计算,除特殊要求外,可采用下列方法:

1 房屋高度不超过 24m、上部结构以剪切变形为主,且质量和刚度沿高度分布比较均匀的隔震建筑,可采用底部剪力法;

2 除本条第 1 款外的隔震结构应采用振型分解反应谱法;

3 对于房屋高度大于 60m 的隔震建筑,不规则的建筑,或隔震层隔震支座、阻尼装置及其他装置的组合复杂的隔震建筑,尚应采用时程分析法进行补充计算。每条地震加速度时程曲线计算所得结构底部剪力不应小于振型分解反应谱法计算结果的 65%,多条时程曲线计算所得结构底部剪力的平均值不应小于振型分解反应谱法计算结果的 80%。

条文说明:

不同的结构采用不同的分析方法在各国抗震规范中均有体现,振型分解反应谱法仍是基本方法,时程分析法作为补充计算方法。所谓"补充",主要指对计算结果的隔震层剪力、位移、上部楼层剪力和层间位移进行比较,当时程分析法大于振型分解反应谱法时,相关部位的部件与构件的内力和配筋作相应的调整。体型不规则,高度超过 60m,或者隔震层装置组合比较复杂,都可能造成结构地震响应行为更为复杂的因素,因此,只要符合上述条件之一,即要求采用时程分析法进行补充计算。

本标准的振型分解反应谱法,默认是考虑非比例阻尼矩阵的复振型分解反应谱法,在本标准第 4.3.2 条中加以规定。当隔震层的阻尼比较小,隔震结构体系动力响应受非比例阻尼影响较小时,可采用实振型分解反应谱法。

4.3.5 采用振型分解反应谱法和时程分析法同时计算时,地震作用结果应取时程分析法与振型分解反应谱法的包络值。

☆ 需要注意，按《建筑抗震设计规范》GB 50011—2010（2016 年版）和《建筑隔震设计标准》GB/T 51408—2021 两个标准都可以进行隔震设计，但两本标准的设计性能目标是不一样的，后者性能目标高于前者，设计者可根据建筑实际需求分别选用。

☆ 《建筑工程抗震管理条例》国务院令第 744 号规定中，"保证发生区域设防地震时能够满足正常使用要求"，与《建筑隔震设计标准》GB/T 51408—2021 中震设计的抗震性能目标一致。

59 | **什么是水平向减震系数?**

答:水平向减震系数是《建筑抗震设计规范》GB 50011—2010（2016 年版）分部设计法中,确定上部结构水平地震影响系数的折减系数。

一般减震系数越小,上部地震作用越小,减震效果越好。

水平减震系数是用于采用隔震技术后,上部结构进行水平地震作用计算时所采用水平地震影响系数最大值的折减系数。按照《建筑抗震设计规范》GB 50011—2010（2016 年版）规定,隔震后水平地震影响系数最大值可按下式计算:

$$\alpha_{max1} = \beta \alpha_{max} / \psi$$

其中,β 即为水平减震系数,对于多层建筑,为按弹性计算所得的隔震与非隔震各层层间剪力的最大比值（不含隔震层）;对于高层建筑,尚应计算隔震与非隔震各层倾覆力矩的最大比值,并与层间剪力的最大比值相比较,取二者的较大值;顶层抽柱后形成的刚度突变层应在比较层之内,顶层刚度不宜下降过多,否则宜予以加强;顶部局部出屋面（面积≤30%）可不作为比较层。

水平减震系数 β 的计算工况为设防烈度地震,计算步骤如下:

1. 建立隔震结构和非隔震结构计算模型;
2. 选择合适的地震波;
3. 分别进行隔震结构和非隔震结构时程分析;
4. 计算楼层剪力,如为高层尚包括楼层倾覆力矩;
5. 对比隔震结构和非隔震结构的层间剪力、倾覆力矩,确定减震系数;
6. 按所得减震系数,进行上部结构的减度振型分解法进行设计;
7. 下部结构及地基基础设计;
8. 相关隔震构造设计。

上部结构可降低抗震措施的条件也是与减震系数法相关的,一般以水平向减震系数 0.40 为界划分,当 $\beta > 0.40$（设置阻尼器时为 0.38）时抗震措施不降低,当 $\beta \leqslant 0.40$（设置阻尼器时为 0.38）时,可适当降低《建筑抗震设计规范》GB 50011—2010（2016 年版）有关章节对非隔震建筑的要求,但烈度降低不得超过 1 度。因隔震层对竖向地震作用没有隔振效果,上部结构与抵抗竖向地震作用有关的抗震构造措施不应降低。对于砌体结构,隔震后的抗震措施在《建筑抗震设计规范》GB 50011—2010（2016 年版）附录 L 中有具体规定。

● **《建筑抗震设计规范》GB 50011—2010（2016 年版）**

12.2.5 隔震层以上结构的地震作用计算,应符合下列规定:

2　隔震后水平地震作用计算的水平地震影响系数可按本规范第 5.1.4、第 5.1.5 条确定。其中，水平地震影响系数最大值可按下式计算：

$$\alpha_{max1} = \beta \alpha_{max} / \psi \tag{12.2.5}$$

式中：α_{max1}——隔震后的水平地震影响系数最大值；

　　　α_{max}——非隔震的水平地震影响系数最大值，按本规范第 5.1.4 条采用；

　　　β——水平向减震系数；对于多层建筑，为按弹性计算所得的隔震与非隔震各层层间剪力的最大比值。对高层建筑结构，尚应计算隔震与非隔震各层倾覆力矩的最大比值，并与层间剪力的最大比值相比较，取二者的较大值；

　　　ψ——调整系数；一般橡胶支座，取 0.80；支座剪切性能偏差为 S-A 类，取 0.85；隔震装置带有阻尼器时，相应减少 0.05。

注：1. 弹性计算时，简化计算和反应谱分析时宜按隔震支座水平剪切应变为 100% 时的性能参数进行计算；当采用时程分析法时按设计基本地震加速度输入进行计算；

　　　2. 支座剪切性能偏差按现行国家产品标准《橡胶支座 第 3 部分：建筑隔震橡胶支座》GB 20688.3 确定。

条文说明：

隔震后的上部结构用软件计算时，直接取 α_{max1} 进行结构计算分析。从宏观的角度，可以将隔震后结构的水平地震作用大致归纳为比非隔震时降低半度、一度和一度半三个档次，如表 7 所示（对于一般橡胶支座），而上部结构的抗震构造，只能按降低一度分档，即以 $\beta=0.40$ 分档。

表 7　水平向减震系数和隔震后结构水平地震作用所对应烈度的分档

本地区设防烈度 (设计基本地震加速度)	水平向减震系数 β		
	$0.53 \geq \beta \geq 0.40$	$0.40 > \beta > 0.27$	$\beta \leq 0.27$
9(0.40g)	8(0.30g)	8(0.20g)	7(0.15g)
8(0.30g)	8(0.20g)	7(0.15g)	7(0.10g)
8(0.20g)	7(0.15g)	7(0.10g)	7(0.10g)
7(0.15g)	7(0.10g)	7(0.10g)	6(0.05g)
7(0.10g)	7(0.10g)	6(0.05g)	6(0.05g)

60

计算水平减震系数需要注意什么？

答：计算水平减震系数需要注意以下几点：

1. 首先判断隔震建筑是否为高层建筑，来确定水平减震系数计算方法。

多层建筑通常采用各楼层剪力的比值最大值来确定水平减震系数，当为高度＞24m的高层建筑结构时，应当考虑隔震前后各层倾覆力矩的比值，并与层间剪力的最大值做比较取较大值。

2. 隔震结构的模型应该是带有隔震支座，非隔震结构则是去掉隔震支座的上部结构。

抗震结构是假想结构，是不存在的，是为了采用现行规范的小震设计而人为强制等效出来的结构，事实上其变形和内力跟隔震结构都有较大的区别。需要注意的是，抗震结构必须保留隔震层，否则在按小震反应谱设计时，建筑高度变了会导致风荷载等计算不准确。

3. 采用时程计算楼层剪力和楼层倾覆弯矩应当在设防烈度下计算。

如果在小震下计算楼层内力，隔震支座可能还没有产生非线性反应，不能反映隔震支座的效果；如果在大震下计算，那么上部结构也有部分区域进入非线性，将这样的计算结果代入小震设计是不合理的。只有在中震下，隔震结构的隔震层进入非线性耗能过程，而上部结构基本保持弹性，计算得到的减震系数才能用于弹性设计中。此外，隔震结构的设计目标应当在设防烈度下上部结构基本完好，这点反映在水平减震系数的计算上。

4. 水平减震系数按 X 向和 Y 向包络。

因此取值应为两个方向的包络值，这对两个方向的高宽比相差较大的结构来说，会导致某个方向过于保守。

5. 水平减震系数是取所有楼层对应剪力比的较大值，也就是楼层包络。

根据结构的高度、结构类型的不同会出现在不同的位置，但总体而言对大部分楼层是偏于保守的。

6. 计算水平减震系数选取地震波须满足在统计意义上相符。

尽管规范给定选波条件，但地震波库可选空间较大，拟合度需要满足要求。

7. 完成水平减震系数计算时，须注意是否应当进行竖向地震作用的计算。

规范要求 9 度时或者 8 度当水平减震系数不大于 0.30 时，隔震层以上的结构应进行竖向地震作用的计算。这是因为隔震层不能隔离结构的竖向地震作用，隔震结构的竖向地震作用有可能大于其水平地震作用，竖向地震的影响不可忽略。

8. 完成水平减震系数计算时，须注意上部结构的总水平地震作用不得低于非隔震结构在 6 度设防时的总水平地震作用，并应进行抗震验算。

● **《建筑抗震设计规范》GB 50011—2010（2016 年版）**

12.2.5 隔震层以上结构的地震作用计算，应符合下列规定：

3 隔震层以上结构的总水平地震作用不得低于非隔震结构在 6 度设防时的总水平地震作用，并应进行抗震验算；各楼层低水平地震剪力尚应符合本规范第 5.2.5 条对本地区设防烈度的最小地震剪力系数的规定。

4 9 度时和 8 度且水平向减震系数不大于 0.3 时，隔震层以上的结构应进行竖向地震作用的计算。隔震层以上结构竖向地震作用标准值计算时，各楼层可视为质点，并按本规范式(5.3.1-2)计算竖向地震作用标准值沿高度的分布。

条文说明：

隔震后，隔震层以上结构的水平地震作用可根据水平向减震系数确定。对于多层结构，层间地震剪力代表了水平地震作用取值及其分布，可用来识别结构的水平向减震系数。

考虑到隔震层不能隔离结构的竖向地震作用，隔震结构的竖向地震作用可能大于其水平地震作用，竖向地震的影响不可忽略，故至少要求 9 度时和 8 度水平向减震系数为 0.30 时应进行竖向地震作用验算。

61

《建筑抗震设计规范》 GB 50011—2010（2016 年版）与《建筑隔震设计标准》 GB/T 51408—2021 采用的反应谱是否一致？

答：不完全一致。《建筑隔震设计标准》GB/T 51408—2021 整体分析法所采用的反应谱，在 $5T_g$ 之后的曲线与现行《建筑抗震设计规范》GB 50011 是不一样的。

《建筑抗震设计规范》GB 50011—2010（2016 年版）与《建筑隔震设计标准》GB/T 51408—2021 地震影响系数曲线处于 $0\sim5T_g$ 时间段时，两者地震影响曲线一致（图 61-1）：当周期小于 0.1s 时，曲线为一条上升斜直线；当周期处于 $0.1s\sim T_g$ 时间段，曲线为水平直线。周期在 T_g 时刻之后，《建筑隔震设计标准》GB/T 51408—2021 的地震影响系数曲线是通过参考《建筑工程抗震形态设计通则》CECS 160：2004 以及现行日本、北美和欧洲的反应谱规定，对一万组地震波统计分析得出的[61-1]，删除了抗震设计反应谱的直线下降段，由第三段的曲线下降段延伸至 6s 区段，即长周期段采用指数下降曲线代替原直线下降段，更加贴合的隔震建筑长周期结构的地震动力相应特征（图 61-2）。

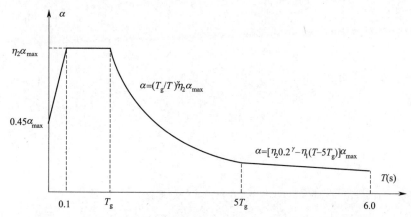

图 61-1 《建筑抗震设计规范》GB 50011—2010（2016）反应谱曲线

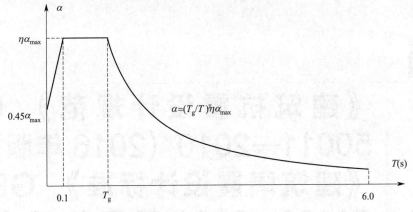

图 61-2 《建筑隔震设计标准》GB 51408—2021 反应谱曲线

● 《建筑隔震设计标准》GB/T 51408—2021

4.2.1 当隔震结构的阻尼比为 0.05 时，地震影响系数应根据烈度、场地类别、特征周期和隔震结构自振周期按地震影响系数曲线（图 4.2.1）确定，其水平地震影响系数最大值 $\alpha_{\max}$ 应按表 4.2.1 采用。

条文说明：

考虑到隔震结构的变形和破坏形态与一般抗震的长周期建筑结构的区别很大，前者的安全性和可靠性高于后者，为促进隔震结构的推广应用，本标准的反应谱曲线依据中国地震局工程力学研究所对一万组波的统计结果。

参考文献：

[61-1] 谭平，陈洋洋，周福霖，等．国家标准《建筑隔震设计标准》编制与说明 [J]．工程建设标准化，2021 (05)：22-26.

62

隔震建筑整体分析时是否需要考虑扭转位移比、扭转周期比？周期需要折减吗？

答：隔震建筑整体分析时，扭转位移比、扭转周期比均不能显性提供上部结构的结构规则性，因此考虑意义不大；周期折减系数可取 1.0。

扭转位移比、扭转周期比是反映结构规则性的重要指标。概念性设计要求，避免使用特别不规则结构布置，不应采用严重不规则结构布置。

隔震建筑的隔震层顶梁板有刚度要求，可视为上部结构隔震后平动的"嵌固端"或"起始点"，《建筑隔震设计标准》GB/T 51408—2021 提出了隔震层偏心率的验算要求，要求进行上部结构的质量和隔震层刚度的偏心率验算，对偏心率的控制可很大程度上减小上部结构的扭转效应，整体最大水平位移集中出现在隔震层，上部结构接近于平动，整体分析结果中，扭转位移比基本都能够满足规范要求。

由于隔震层水平刚度远小于上部结构刚度，隔震建筑的整体分析结果的主周期反映的主要是隔震层的周期，同时隔震垫两向水平等效刚度一致，因此各种计算方法（时程分析、等效刚度和反应谱迭代）下，整体结果中，第一和第二的两向平动周期相差不大，加之隔震层的抗扭刚度有限，因此，第三扭转周期也接近前两个平动周期，容易出现扭转周期与平动周期比接近规范限值、甚至超出规范限值的现象。隔震建筑这种情况，是通过考虑放大边角扭转效应，控制隔震层最大水平位移和最大拉压应力等手段，综合考虑扭转影响，保证整体稳定和隔震垫正常工作，同时，上部各阶段位移角等验算均满足的情况下，认为隔震建筑是安全的。当然，现对实际地震的扭转分量研究以及隔震建筑的实际震害经验有限，还需要进一步提高隔震技术对地震扭转效应响应认识及提高相应的防护能力。

当然并不能由于隔震建筑的整体分析数据不能完全反应上部结构的规则性，就放弃结构规则性的原则性和概念性要求，结构规则性要求与设防烈度及地震作用大小没有直接关系。如果上部结构明显存在平面及竖向不规则，建议补充按非隔震模型下的分析，对结构刚度比、承载力比、扭转位移比、周期比等数据进行分析，避免使用特别不规则结构布置，不应采用严重不规则结构布置。根据《建筑隔震设计标准》GB/T 51408—2021，隔震建筑房屋高度、规则性、结构类型、隔震层设置等超过相关标准的规定或抗震设防标准等有特殊要求时，需采用结构抗震性能设计方法进行补充分析和论证。

隔震结构在地震作用下的变形主要是以隔震层的大变形为主，上部结构近似刚体平动。隔震层作为隔震结构的一层，没有隔墙的刚度贡献，周期不考虑折减；上部结构需要考虑周期折减。而上部结构与隔震层的刚度是串联关系，隔震结构周期以刚度小的隔整层为主。上部结构按抗震结构设计时，如果考虑周期折减，会增大地震作用，由于上部结构的刚度不变，便会导致结构的位移增大，但实际上填充墙对结构整体刚度是有贡献作用的，所以若再考虑周期折减，位移计算过于保守。所以采用整体分析时可不考虑周期折减。

● 《建筑隔震设计标准》GB/T 51408—2021

1.0.5 隔震建筑房屋高度、规则性、结构类型、隔震层设置等超过相关标准的规定或抗震设防标准等有特殊要求时，宜按本标准附录 A 采用结构抗震性能设计方法进行补充分析和论证。

☆ 上部结构布置出现特别不规则，甚至严重不规则现象，结构整体方案已经属于复杂隔震方案，需慎重对待，隔震技术仅是减小上部地震作用，对地震下结构不规则带来的危害并不能完全避免，建议参照现行《建设工程勘察设计管理条例》，进行技术论证；针对高层建筑，进行超限审查。

☆ 实际地震的扭转分量对隔震建筑的影响，以及当扭转周期和平动周期接近时，会不会引起扭转振型的共振，都需要进一步研究。

63

哪些隔震建筑的结构设计需要采用时程分析法进行补充验算？

答：对于房屋高度大于 **60m** 的隔震建筑，不规则的建筑，或隔震层隔震支座、阻尼装置及其他装置的组合复杂的隔震建筑，尚应采用时程分析法进行补充计算。

采用振型分解反应谱法和时程分析法同时计算时，地震作用结果应取时程分析法与振型分解反应谱法的包络值。

采用《建筑隔震设计标准》GB/T 51408—2021 进行隔震设计时，对于房屋高度大于 60m 的隔震建筑，不规则的建筑，或隔震层隔震支座、阻尼装置及其他装置的组合复杂的隔震建筑，在遭遇地震作用时，结构响应复杂，随着结构的塑性发展，动力特性也随之发生改变，采用进行时程分析做补充验算，体现了对建筑安全性的考虑。

反应谱方法是一种拟静力方法，虽然能够同时考虑结构各频段振动的振幅最大值和频谱两个主要要素，但对于地震波持时这一要素未能得到体现，震害调查表明，有些按反应谱理论设计的结构，在未超过设防烈度的地震中，也遭受到了一定程度的破坏，这充分说明了地震波持时要素在设计中应该被考虑。反应谱方法忽略了地震作用的随机性，不能考虑结构在罕遇地震下逐步进入塑性时，因其周期、阻尼、振型等动力特性的改变而导致结构中的内力重新分布这一现象。

时程分析方法可以考虑结构进入塑性后的内力重分布，而且可以记录结构响应的整个过程。但这种方法只反应结构在一条特定地震波作用下的性能，体现的是具体某条地震波的反映，往往不具有普遍性。不同地震波作用下结果的差异也很大，选波过程存在离散性问题，会对设计结果产生较大偏差，所以时程分析方法选波时要合理，并需要多条波分析做包络或取平均值，对复杂、重要建筑结构分析，作为通用、有效和普遍掌握的振型分解法的参考和补充。

● 《建筑隔震设计标准》GB/T 51408—2021

4.1.3 隔震结构地震作用计算，除特殊要求外，可采用下列方法：

3 对于房屋高度大于 60m 的隔震建筑，不规则的建筑，或隔震层隔震支座、阻尼装置及其他装置的组合复杂的隔震建筑，尚应采用时程分析法进行补充计算。每条地震加速度时程曲线计算所得结构底部剪力不应小于振型分解反应谱法计算结果的 65%，多条时程曲线计算所得结构底部剪力的平均值不应小于振型分解反应谱法计算结果的 80%。

条文说明：

147

不同的结构采用不同的分析方法在各国抗震规范中均有体现，振型分解反应谱法仍是基本方法，时程分析法作为补充计算方法。所谓"补充"，主要指对计算结果的隔震层剪力、位移、上部楼层剪力和层间位移进行比较，当时程分析法大于振型分解反应谱法时，相关部位的部件与构件的内力和配筋作相应的调整。体型不规则，高度超过 60m，或者隔震层装置组合比较复杂，都是可能造成结构地震响应行为更为复杂的因素，因此，只要符合上述条件之一，即要求采用时程分析法进行补充计算。

4.3.5 采用振型分解反应谱法和时程分析法同时计算时，地震作用结果应取时程分析法与振型分解反应谱法的包络值。

☆ 当采用现行《建筑抗震设计规范》GB 50011（2016 年版）进行隔震设计，计算水平减震系数时，必须通过时程分析法确定其减震系数。

64

隔震结构设计采用时程分析时，地震波如何选用？

答：隔震结构设计所选地震波应与建筑场地未来可能发生的地震波基本要素吻合，亦即所选地震波的主要参数须与建设场地相关参数符合；当采用减震系数法进行设计时，隔震前后所选波应相同，且每条波在隔震前后均应满足在统计意义上相符的要求。

时程分析的基本原则是假定输入的地震波的频谱特性需要与建设地点的场地条件相符，场地固有的特性包括：地震设防烈度等地震动参数、场地土类别、卓越周期等。这些特性是建筑结构设计的最基本依据，由于地震动是一个随机过程，一条地震波时程只是地震动随机过程的一个抽样，对同一个结构，在不同地震波作用下的结构响应差别甚至可达数十倍之多，故正确选取地震波直接关系到分析结果的可靠性，是进行抗震设计的首要前提。

在选取地震波时尚应兼顾结构自身的动力特性，一般以结构的主要周期来判断，通常指结构前三个周期值。

关于选取地震波的数量，三组指两组天然波、一组人工波；七组指五组天然波、两组人工波；应符合下列规定：

1. 应按照建筑场地类别和设计地震分组选用实际强震记录，记录的数量不应少于总数的 2/3，根据地震烈度、设计地震分组、场地类别进行归类后，按相似原则选取。

2. 多组时程曲线的平均地震影响系数曲线应与振型分解反应谱法所采用的地震影响曲线在统计意义上相符。所谓"在统计意义上相符"指的是，其平均影响系数曲线与振型分解反应谱法所用的地震影响系数曲线相比，在主要振型周期点上相差不大于 20%。弹性时程分析时，每条时程曲线计算所得结构底部剪力不应小于振型分解反应谱法计算结果的 65%，多条时程曲线计算所得结构底部剪力的平均值不应小于振型分解反应谱法计算结果的 80%。

正确选择输入的地震加速度时程曲线要满足地震动三要素的要求，即频谱特性、加速度有效峰值和持续时间均要符合规定。

1. 频谱特征。可以用地震影响系数曲线表征，依据所处的场地类别和设计地震分组确定。选用的地震波的卓越周期应尽量与建筑物所在场地特征周期一致。

2. 加速度有效峰值按《建筑抗震设计规范》GB 50011—2010（2016 年版）表 5.1.2-2 所列地震加速度最大值采用，即以地震影响系数最大值除以放大系数（约 2.25）得到。

3. 持续时间。输入的地震加速度时程曲线的有效持续时间，必须保证在此时间段内包含了该地震记录的最强部分，一般从首次达到该时程曲线最大峰值的 10％那一点算起，到最后一点达到最大峰值的 10％为止；不论是实际的强震记录还是人工模拟波形，有效持续时间一般为结构基本周期的 5～10 倍，即结构顶点的位移可按基本周期往复 5～10 次。

● 《建筑与市政工程抗震通用规范》GB 55002—2021

4.2.1 ……

2 采用时程分析法计算建筑结构、桥梁结构、地上管线、地上构筑物等市政工程的水平地震作用时，输入激励的平均地震影响系数曲线应与振型分解反应谱法采用地震影响系数曲线在统计意义上相符。(强条)

● 《建筑抗震设计规范》GB 50011—2010 (2016 年版)

12.2.2 ……

2 一般情况下，宜采用时程分析法进行计算；输入地震波的反应谱特性和数量，应符合本规范第 5.1.2 条的规定，计算结果宜取其包络值；当处于发震断层 10km 以内时，输入地震波应考虑近场影响系数，5km 以内宜取 1.5，5km 以外可取不小于 1.25。

5.1.2 ……

3 ……当取三组加速度时程曲线输入时，计算结果宜取时程法的包络值和振型分解反应谱法的较大值；当取七组及七组以上的时程曲线时，计算结果可取时程法的平均值和振型分解反应谱法的较大值。

● 《建筑隔震设计标准》GB/T 51408—2021

4.2.4 隔震结构采用时程分析方法时，地震动加速度时程曲线的选择合成应符合下列规定：

1 地震动加速度时程曲线应符合设计反应谱和设计加速度峰值的基本规定，设计地震加速度最大值应按表 4.2.4 采用。

2 实际强震记录地震动加速度时程曲线应根据地震烈度、设计地震分组和场地类别进行选择，多组时程曲线的平均地震影响系数曲线应与振型分解反应谱法所采用的地震影响系数曲线在统计意义上相符。

3 人工模拟地震动加速度时程曲线应考虑阻尼比和相位信息的影响。

4.3.4 采用时程分析时，应选用足够数量的实际强震记录加速度时程曲线和人工模拟地震动加速度时程曲线进行输入。宜选取不少于 2 组人工模拟加速度时程曲线和不少于 5 组实际强震记录或修正的加速度时程曲线，地震曲线取 7 组加速度时程曲线计算结果的峰值平均值。

☆ 隔震结构选波时，罕遇和极罕遇地震的特征周期需要分别加 0.05s 和 0.10s，选波时还应考虑阻尼比，按高阻尼反应谱选波。由于规范反应谱偏高，按 0.05 阻尼比选波计算出的高阻尼的楼层剪力会比按照反应谱计算所得楼层剪力低 10％～20％。即：按照实际地震波进行计算分析，会取得更好的隔震效果。

65

哪些隔震建筑的结构设计应采用两种及以上不同程序进行对比分析？

答：对特殊设防类和房屋高度超过 60m 的重点设防类隔震建筑，宜采用不少于两种程序对地震作用进行比较分析。

目前常用的建筑结构设计软件包含有国内、外多家软件公司产品，包括 ETABS、SAP2000、Midas \ Building、SAUSAGE-π、YJK 等。其结构动力分析基本方程和常用微分方程求解方法、地震波库及选取方法、材料模型和单元模型、计算模型化误差及分析精度各有不同，存在差异。每款分析软件各有所长，这就意味着同一栋建筑采用不同的结构设计软件进行抗震设计，其计算结果势必存在偏差，采用两种以上不同程序对比分析便于发现问题，加强薄弱点，是结构设计对待复杂和重要性建筑结构常用的一种方法。

《建筑隔震设计标准》GB/T 51408—2021 的抗震性能设计目标已较《建筑抗震设计规范》GB 50011—2010（2016 年版）有所提高，且更加细化。由于隔震垫的力学性能和本构关系等，与常用材料有所区别，此类结构的整体分析经验尚需积累，对有明显软弱层的结构，从安全角度出发，按对待复杂结构的设计分析方法，要求采用两种以上不同程序对比分析；同时从结构重要性角度来看，特殊设防类和房屋高度超过 60m 的重点设防类隔震建筑，理应采用较标准设防类更高的抗震性能设计目标，要求采用不少于两种不同的程序进行计算，通过整体分析对比计算结果，可使结构设计更加合理，且更加安全可靠。

● **《建筑抗震设计规范》GB 50011—2010（2016 年版）**

3.6.6　利用计算机进行结构抗震分析，应符合下列要求：

　　3　复杂结构在多遇地震作用下的内力分析和变形分析时，应采用不少于两个合适的不同力学模型，并对其计算结果进行分析比较。

● **《建筑隔震设计标准》GB/T 51408—2021**

4.3.6　对特殊设防类和房屋高度超过 60m 的重点设防类隔震建筑，宜采用不少于两种程序对地震作用计算结果进行比较分析。

● **《高层建筑混凝土结构技术规程》JGJ 3—2010**

5.1.12　体型复杂、结构布置复杂以及 B 级高度高层建筑结构，应采用至少两个不同力学模型的结构分析软件进行整体计算。

66

常用隔震结构设计软件是否可实现含隔震层的整体设计？

答：除国外通用设计软件外，现国内主流建筑结构设计软件均可以进行含隔震垫的整体隔震分析和设计，如 PKPM 系列和 YJK 软件。

与《建筑抗震设计规范》GB 50011—2010（2016 年版）要求的减震系数法不同，《建筑隔震设计标准》GB/T 51408—2021 提出包含隔震层的整体设计法，将下部结构、隔震层及上部结构进行整体分析计算，设计流程更趋向于常规抗震结构的设计方法，设计流程统一，地震作用分析更加符合实际更加合理、全面。

国内最常使用的两大结构设计软件是 PKPM 和盈建科 YJK，现均已开发了隔震结构的整体设计功能，设计流程相同，如图 66-1 所示[66-1]。

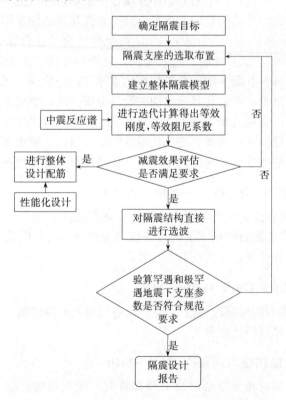

图 66-1　隔震结构一体化直接设计法流程图

采用 PKPM 软件进行隔震结构设计时，其前处理计算参数的设置如图 66-2、图 66-3 所示[66-2]。

图 66-2　PKPM 前处理计算参数

图 66-3　PKPM 隔震支座库

注意：由于软件一次性自动形成中震模型，因此，在进行整体模型计算时，地震信息中地震影响系数最大值还是要填写本地区的小震对应的结果。

采用盈建科 YJK 软件进行隔震结构设计时，其前处理计算参数的设置如图 66-4 所示[66-3]。

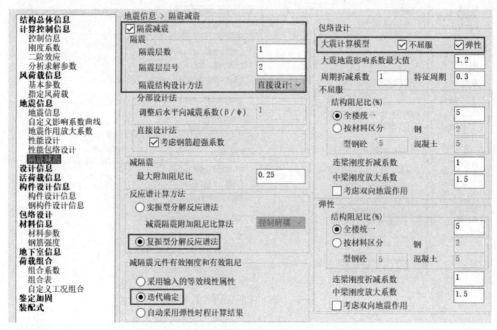

图 66-4　盈建科 YJK 前处理计算参数

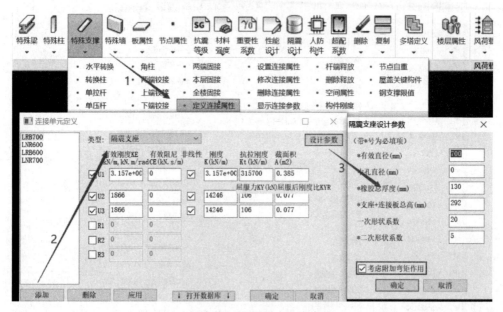

图 66-5　盈建科 YJK 隔震支座库参数（一）

PKPM 与盈建科 YJK 结构设计软件中对隔震支座的设计参数定义一致（图 66-5、

图 66-6　盈建科 YJK 隔震支座库参数（二）

图 66-6）：

U1 为竖向——支座竖向承载力、竖向受压刚度，竖向受拉刚度、截面积；

U2 为水平向（Y 轴）——支座水平刚度，屈服前的刚度，屈服力，屈服前后刚度比；

U3 为水平向（X 轴）——支座水平刚度，屈服前的刚度，屈服力，屈服前后刚度比；

有效直径、橡胶总厚度——现行《建筑隔震设计标准》GB/T 51408 中 4.6.6 条第 1 款，橡胶隔震支座在罕遇地震作用下的水平位移限值取值不应大于支座直径的 0.55 倍和各层橡胶厚度之和 3.0 倍二者的较小值，此二参数用于支座位移限值的计算；

二次形状系数——现行《建筑隔震设计标准》GB/T 51408 中 4.6.3 条第 2 款，对于橡胶隔震支座，当第二形状系数小于 5.0 时，应降低平均压应力限值；小于 5 且不小于 4 时降低 20%，小于 4 且不小于 3 时降低 40%；此参数用于隔震支座在重力荷载代表值作用下的压应力限值计算；

支座＋连接板总高——当考虑隔震支座的附加弯矩时，需要支座的总高度数据，软件会自动读取设计参数中的"支座＋连接板总高"进行此项计算。

● 《建筑隔震设计标准》GB/T 51408—2021

4.3.2　采用振型分解反应谱法时，应将下部结构、隔震层及上部结构进行整体分析，其中隔震层的非线性可按等效线性化的迭代方式考虑。

参考文献：

[66-1] 谭平，陈洋洋，周福霖，等 . 国家标准《建筑隔震设计标准》编制与说明 [J] . 工程建设标准化，2021（05）：22-26.

[66-2] PKPM 结构 2021 规范 V1 版本用户手册 .

[66-3] YJK V4.0 通用规范版本用户手册 .

67

哪些隔震建筑的结构设计需要考虑极罕遇地震作用？

答：特殊设防类和房屋高度超过 24m 的重点设防类建筑或有较高要求的隔震建筑，应进行极罕遇地震作用下的变形验算。

极罕遇地震动相当于年超越概率为 10^{-4} 的地震动，即重现期约为 10000 年。

《建筑隔震设计标准》GB/T 51408—2021 提出"中震不坏、大震可修、极大震不倒"的抗震设防目标，特殊设防类隔震建筑和房屋高度超过 24m 的重点设防类建筑或有较高要求的隔震建筑的抗震性能目标，已提升至实现"极大震不倒"，须对整体结构及隔震层支座均进行极罕遇地震作用下的变形验算，即保证隔震建筑在遭遇极罕遇地震作用下时，整体结构弹塑性层间位移角须满足一定限值，以实现"不倒"的性能目标。

● 《中国地震参数区划图》GB/ 18306—2015

3.12　极罕遇地震动 very rare ground motion

相当于年超越概率为 10^{-4} 的地震动。

6.2.3　极罕遇地震动峰值加速度宜按基本地震动峰值加速度 2.7～3.2 倍确定。

● 《建筑隔震设计标准》GB/T 51408—2021

2.1.16　极罕遇地震　very rare earthquake

在设计基准期内年超越概率为 10^{-4} 的地震动。

3.1.3　在设防地震作用下，应进行结构以及隔震层的承载力和变形验算；在罕遇地震作用下，应进行结构以及隔震层的变形验算，并应对隔震层的承载力进行验算；在极罕遇地震作用下，对特殊设防类建筑尚应进行结构及隔震层的变形验算。

条文说明：

隔震结构采用"中震设计"：在设防地震作用下进行截面设计和配筋验算，结构采用线弹性模型；罕遇地震作用下，允许结构进入损伤程度轻微到中度的弹塑性状态，采用弹塑性模型进行分析，验算结构和支座的变形，同时进行支座的承载力验算。对于大多数隔震建筑，一般情况下只需增加特殊设防类建筑极罕遇地震作用下的支座变形验算。对于特殊设防类和房屋高度超过 24m 的重点设防类建筑或有较高要求的建筑，应对结构进行极罕遇地震作用下的变形验算。

4.5.3　特殊设防类隔震建筑上部结构的结构楼层内最大弹塑性层间位移，尚应按本标准式（4.5.2）进行极罕遇地震作用下的验算，且弹塑性层间位移角限值应符合表 4.5.3 的规定。

表 4.5.3 上部结构极罕遇地震作用下弹塑性层间位移角限值

上部结构类型	$[\theta_p]$
钢筋混凝土框架结构	1/50
底部框架砌体房屋中的框架-抗震墙、钢筋混凝土框架-抗震墙、框架-核心筒结构	1/100
钢筋混凝土抗震墙、板柱-抗震墙结构	1/120
钢结构	1/50

5.1.4 隔震层设计应能保证避免上部结构及隔震部件正常位移或变形受到阻挡。特殊设防类隔震建筑考虑极罕遇地震作用时，可采用相应的限位措施保护。

68

框架结构的隔震建筑，首层的框架柱是否为关键构件？

答：按照《建筑隔震设计标准》GB/T 51408—2021 进行隔震设计，基底隔震时，首层柱为隔震层以上第一层的框架柱，不属于关键构件；层间隔震时，直接支撑隔震垫的首层框架柱，属于关键构件。

《建筑隔震设计标准》GB/T 51408—2021 对关键构件的定义为：关键构件是指结构构件一旦失效可能引起结构的连续破坏或者危及生命安全的严重破坏。例如，隔震层支墩、支柱及隔震层中与其相连的结构构件；底部加强部位的重要竖向构件、水平转换构件及与其相连的竖向支承构件等。

对于隔震建筑的首层框架柱，需根据隔震层设置部位的不同区别对待。

当为基底隔震时，因隔震层梁板具有相对于上部结构的"嵌固端"作用，为实现上部结构在降低水平地震作用效应下的变形破坏模式与一般框架结构保持一致，与隔震层相邻层框架柱（即上部结构的底层框架柱）不需要按照关键构件考虑。

对于隔震层位于首层层顶的层间隔震建筑，首层框架柱属直接支撑隔震垫的下部结构构件，若遭遇地震时失效，将引起隔震层及其上部结构连续破坏甚至倒塌，对保护生命安全具有重要作用，须按照关键构件考虑。

● 《建筑隔震设计标准》GB/T 51408—2021

4.4.6 在设防地震作用下，隔震建筑的结构构件应按下列规定进行设计：

1 关键构件的抗震承载力应符合下式规定：

$$\gamma_G S_{GE} + \gamma_{Eh} S_{Ehk} + \gamma_{Ev} S_{Evk} \leqslant R / \gamma_{RE} \qquad (4.4.6\text{-}1)$$

式中：R——构件承载力设计值（N）；

γ_{RE}——构件承载力抗震调整系数，应符合现行国家标准《建筑抗震设计规范》GB 50011 的规定；

S_{GE}——重力荷载代表值的效应（N）；

γ_G——重力荷载代表值的分项系数，应符合现行国家标准《建筑抗震设计规范》GB 50011 的规定；

S_{Ehk}——水平地震作用标准值的效应（N），尚应乘以相应的增大系数、调整系数；

γ_{Eh}——水平地震作用分项系数，应符合现行国家标准《建筑抗震设计规范》GB 50011 的规定；

S_{Evk}——竖向地震作用标准值的效应（N），尚应乘以相应的增大、调整系数；

γ_{Ev}——竖向地震作用分项系数，应符合现行国家标准《建筑抗震设计规范》GB 50011 的规定。

条文说明：

4.4.4～4.4.6 本标准第 1.0.1 条要求隔震建筑在遭受相当于本地区基本烈度的设防地震时主体结构基本不受损坏或不需修理可继续使用。根据该基本设防目标。参考行业标准《高层建筑混凝土结构技术规程》JGJ 3—2010 中结构抗震性能设计的相关规定，隔震结构构件的截面设计遵循以下原则：

（2）根据功能、作用、位置及重要性等将结构构件分为关键构件、普通竖向构件、重要水平构件和普通水平构件，其中关键构件是指构件的失效可能引起结构的连续破坏或危及生命安全的严重破坏，可由结构工程师根据实际情况分析确定，例如，隔震层支墩、支柱及相连构件，底部加强部位的重要竖向构件、水平转换构件及与其相连竖向支承构件等。普通竖向构件是指关键构件之外的竖向构件；重要水平构件是指关键构件之外不宜提早屈服的水平构件，包括对结构整体性有较大的影响的水平构件、承受较大集中荷载的楼面梁（框架梁、抗震墙连梁）、承受竖向地震的悬臂梁等；普通水平构件包括一般的框架梁、抗震墙连梁等。结构构件指主体结构构件，不包括隔震支座、滑板支座、阻尼器等。

（3）对于关键构件，要求其抗震承载力满足弹性设计要求。对于普通竖向构件及重要水平构件，要求其受剪承载力满足弹性设计要求，而正截面承载力需满足屈服承载力设计。所谓"屈服承载力设计"是指构件按材料强度标准值计算的承载力 R_k 不小于按重力荷载及地震作用标准值计算的构件组合内力。对于框架梁、抗震墙连梁等普通水平构件，为实现"强柱弱梁""强剪弱弯"的原则，以及充分发挥纵向钢筋的强度，允许构件支座正截面局部进入轻微非线性状态，并应控制其程度以使结构满足"不需修理可继续使用"的性能目标。因此，计算分析时可不考虑楼板作为翼缘对梁刚度的影响，并且在普通水平构件正截面屈服承载力设计时，对钢筋混凝土梁支座或节点边缘截面可考虑钢筋的超强系数 1.25。

69

哪些建筑可采用底部剪力法进行隔震设计？

答：**房屋高度不超过 24m、上部结构以剪切变形为主，且质量和刚度沿高度分布比较均匀的隔震建筑，可采用底部剪力法。**

隔震建筑的简化计算是指隔震层的上部结构可视为刚体，以剪切变形为主，可采用层间剪切模型进行计算的方法，简化算法也可称为等效侧力法。对某些特殊房屋采用简化算法进行设计会更方便有效，先来了解一下采用简化算法的力学原理。

简化计算的基本假定：隔震结构在地震中只作"整体平动"，隔震结构体系近似为单质点，地震反应只考虑基本振型的影响。上部结构近似为平动的刚体，隔震层的刚度和阻尼为整个结构的刚度和阻尼。

砌体结构以及与砌体结构基本周期相当的钢筋混凝土结构（基本自振周期可取 0.4s）可采用简化计算方法，简化方法中地震作用沿竖向宜均匀分布，亦可利用程序采用倒三角形分布（偏于安全）。

当多层砌体满足以下条件时，可采用《建筑抗震设计规范》GB 50011—2010（2016 年版）附录 L 给出的简化方法（等效侧力法）进行计算：

1. 基本周期较短；
2. 满足砌体高宽比要求且变形特征接近剪切变形；
3. 场地土为Ⅰ、Ⅱ、Ⅲ类，并选用稳定性好的基础形式；
4. 风荷载和其他非地震作用水平荷载标准值产生的总水平力不超过结构总重力的 10%。

● **《建筑抗震设计规范》GB 50011—2010（2016 年版）**

12.2.2 建筑结构隔震设计的计算分析，应符合下列规定：

3 砌体结构及基本周期与其相当的结构可按本规范附录 L 简化计算。

● **《建筑隔震设计标准》GB/T 51408—2021**

4.1.3 隔震结构地震作用计算，除特殊要求外，可采用下列方法：

1 房屋高度不超过 24m、上部结构以剪切变形为主，且质量和刚度沿高度分布比较均匀的隔震建筑，可采用底部剪力法。

8.3.2 多层砌体建筑和底部框架-抗震墙砌体建筑的隔震设计可采用底部剪力法进行计算分析，对重点设防类建筑、层间隔震、房屋平面或竖向不规则及多塔结构，尚应采用振型分解反应谱法或时程分析法做补充计算。

条文说明:

对于基底隔震、体型规则的多层砌体建筑和底部框架-抗震墙砌体建筑,结构变形以剪切为主,用底部剪力法尚能满足工程要求,为工程设计方便,可采用底部剪力法分析。但对于重要的建筑、层间隔震的建筑、上部结构不规则的建筑,或隔震层楼板相连,上部结构首层以上设置防震缝的建筑,即类似于大底盘多塔楼的隔震建筑,底部剪力法计算时可能存在较大误差,应采用振型分解反应谱法或时程分析方法作补充计算。

70

什么情况下可以不需考虑隔震层的阻尼？

答：隔震层阻尼比小于 10%，结构高度不超过 24m、质量和刚度沿高度分布比较均匀且隔震支座类型单一的隔震建筑，可不考虑隔震层的阻尼，直接按实振型分解法（CQC）分析设计，否则应采用复振型法（CCQC）分析。

由于隔震建筑上部结构的阻尼比与隔震支座的阻尼比不同，在结构分析时会出现非比例阻尼的问题。所以需要求得隔震层的等效阻尼比后，再与整体结构阻尼一起考虑。

现行规范分析方法以振型分解反应谱法为主导，一般将隔震结构转换为等效弹性体系来分析计算，则对于隔震结构的非线性支座就需要进行等效计算，即将隔震结构等效为按照一定刚度和一定附加阻尼的线弹性构件。因此需要先给每个支座假定一个等效刚度和等效阻尼，或者给整体隔震层假定等效刚度和等效阻尼，通过多次迭代计算使得假定等效刚度和按此刚度计算的剪切变形一致后，即得到隔震结构的等效刚度和等效阻尼。

一般情况，下部结构隔震层阻尼比在 10% 以内，隔震结构体系动力响应受非比例阻尼影响较小，可采用不考虑阻尼矩阵的振型分解反应谱方法，计算误差尚可接受，否则应考虑不同阻尼比下的水平地震作用。实际上隔震结构的隔震层属非线性结构，当隔震层阻尼比不忽视时，应考虑阻尼矩阵的复振型分解。《建筑隔震设计标准》GB/T 51408—2021 的振型分解反应谱法，默认是基于考虑阻尼矩阵的复振型分解的反应谱方法，基本公式的形式与不考虑阻尼矩阵的振型分解反应谱方法一致。一般情况，下部结构隔震层阻尼比在 10% 以内，隔震结构体系动力响应受非比例阻尼影响较小，可采用不考虑阻尼矩阵的振型分解反应谱方法，计算误差尚可接受，否则应考虑不同阻尼比下的水平地震作用。当采用简化计算时，可仅取隔震层阻尼比计算，由于隔震结构高阶振型的阻尼比受隔震层集中阻尼的影响较小，因而与第一阶振型的阻尼比差别较大，应采用振型分解得到的各阶振型的阻尼比进行反应谱的相关计算。

等效阻尼常用计算方法如下：

1. 简化方法：当上部结构刚度较大时，隔震结构做整体平动，可简化为一个单质点模型，整体结构与隔震层的刚度和阻尼比相同，《建筑抗震设计规范》GB 50011—2010（2016 年版）附录 L 即采用简化方式；

2. 实际阻尼比法：即隔震层与上部结构采用不同的阻尼比。

一些程序在动力分析时可处理这种非经典阻尼比的计算问题，但处理方式各有不同。目前当采用不同阻尼比时，MIDAS-GEN 计算软件可通过"组阻尼比"简化处理。对不同阻尼比的构件进行分组，根据位能等效原则确定整体结构阻尼比，即振型阻尼比。振型阻尼比是指结构对应于某阶振型的阻尼比。不同构件单元对于结构振型阻尼比的贡献不相同，与单元变性能有关，变性能大的单元对振型阻尼比的贡献较大，反之则较小。

● 《建筑隔震设计标准》GB/T 51408—2021

4.3.2 ……

　　3　隔震层阻尼比小于10%，结构高度不超过24m、质量和刚度沿高度分布比较均匀且隔震支座类型单一的隔震建筑，可按本标准附录B第B.0.3条的规定执行。

条文说明：

　　结构的动力特征理论上应该包括质量矩阵M、阻尼矩阵C、刚度矩阵K三方面的影响因素，为了简化处理，同时考虑传统结构中阻尼部分影响较小，长期以来采用只考虑质量矩阵M、刚度矩阵K的振型分解方法，即所谓的实振型分解方法。当C矩阵的影响不可忽略时——比如隔震结构中隔震层的等效阻尼比通常会在15%以上，大概是上部结构的3倍以上，再采用实振型分解方法是不合理的。复振型分解法同时考虑了M、C、K矩阵的影响，得到的振型周期、振型阻尼比是结构体系真实的动力特征，在理论上对非比例阻尼问题的处理是精确的；实振型分解法是复振型分解法的一种特例，当C矩阵满足比例阻尼假定时由复振型分解法可以退化到实振型分解法；另外，从已有的分析结果看，隔震层阻尼比越大、上部结构层数越多的隔震建筑复振型分解法与实振型分解法的计算结果相差越大，最高可达35%以上，强迫解耦的实振型分解反应谱法结果小于复振型反应谱法，这是偏于不安全的；工具方面，现有的计算程序已有实现复振型分解反应谱方法的功能。

　　本标准的振型分解反应谱法默认是基于考虑阻尼矩阵的复振型分解的反应谱方法，基本公式的形式与不考虑阻尼矩阵的振型分解反应谱方法是一致，区别在于振型参与系数和振型耦联系数的计算公式。

　　当隔震层阻尼比较小时，可采用强迫解耦振型分解反应谱方法进行简化计算，其基本公式同本标准式(4.3.2-1)-式(4.3.2-7)，振型参与系数和振型耦合系数参见本标准附录B。

☆　等效刚度是采用非线性时程分析得到的滞回曲线确定的，继而求得隔震层的等效阻尼比，每个构件阻尼比具有离散性，在此过程中应避免离散性可能导致等效刚度和等效阻尼均无法收敛。

☆　在无法判断时，可直接采用复振型分解反应谱法分析。

71

隔震建筑的地基基础如何设计？

答：隔震建筑地基基础的设计和抗震验算，应满足本地区抗震设防烈度地震作用的要求。

按《建筑抗震设计规范》GB 50011—2010（2016 年版）的减震系数法进行地基基础设计，是在分部设计中，采用带隔震层但无隔震单元的结构模型（即非隔震模型），按原设防烈度下多遇地震（小震）进行振型分解法分析后，得到的隔震前柱底控制内力，按标准组合和基本组合，分别进行地基基础面积的确定和基础构件（包括独基、筏基和地基梁等）承载力配筋计算。

按《建筑隔震设计标准》GB/T 51408—2021 进行地基基础设计，是采用含隔震单元的整体模型，按中震设计后，也就是取相应设防烈度对应的地震作用（中震），得到的柱底控制内力，分别进行地基基础面积的确定和基础构件（包括独基、筏基和地基梁等）承载力配筋计算，注意此处前者是内力的标准组合确定基底面积，基础构件（包括独基、筏基和地基梁等）按照普通构件定义（非关键和重要构件），设防地震作用下，满足正截面承载力不屈服要求，材料强度取标准值计算。

● 《建筑抗震设计规范》GB 50011—2010（2016 年版）

12.2.9 隔震层以下的结构和基础应符合下列要求：

　　3 隔震建筑地基基础的抗震验算和地基处理仍应按本地区抗震设防烈度进行，甲、乙类建筑的抗液化措施应按提高一个化等级确定，直至全部消除液化沉陷。

● 《建筑隔震设计标准》GB/T 51408—2021

3.2.3 隔震建筑地基基础的设计和抗震验算，应满足本地区抗震设防烈度地震作用的要求。
条文说明：
国家标准《建筑抗震设计规范》GB 50011—2010（2016 年版）第 4.2.2 条规定，地基基础的抗震验算时采用地震作用效应的标准组合，考虑的是多遇地震作用水平。本标准采用中震设计后，相应的地基基础设计验算也是考虑的设防烈度对应的地震作用。

3.2.4 隔震建筑地基基础的抗震措施，应符合现行国家标准《建筑抗震设计规范》GB 50011 的规定。对重点设防类的地基抗液化措施，应按提高一个液化等级确定；对特殊设防类建筑的地基抗液化措施应进行专门研究，且不应低于重点设防类建筑的相应要求，直至全部消除液化沉陷。

☆ 地基基础验算按《建筑抗震设计规范》GB 50011—2010（2016 年版）需要考虑地震作用组合时，才适用本问题。如多层非软弱地基承载力验算和地基变形验算，均无需考虑地震效应组合，也就无需考虑是按何阶段地震作用组合了。

72

隔震建筑中，与隔震支座相关的设计验算内容有哪些？

答：隔震建筑中，与隔震支座相关的设计验算内容如下：

1. 隔震层偏心率验算；

2. 隔震支座压应力验算；

3. 隔震层的抗风承载力验算；

4. 隔震层弹性恢复力验算；

5. 隔震层支座拉应力验算；

6. 隔震支座变形验算；

7. 隔震支座连接预埋件、螺栓、底板验算。

在进行上述设计验算时，所对应的工况如下：

1. 隔震层偏心率验算：设防烈度地震作用下，隔震层刚度中心与上部结构的质量中心偏差值。

2. 隔震支座压应力验算：分长期面压和短期面压验算内容。长期面压，取重力荷载代表值下压应力，为设计值组合；短期面压为罕遇地震作用产生的最大轴压力，包括竖向地震作用组合，为标准值。

3. 隔震层的抗风承载力验算：取风荷载作用下隔震层的水平剪力设计值进行验算，风荷载标准值可按 50 年一遇取值，分项系数为 1.5。

4. 隔震层弹性恢复力验算：按隔震支座在水平剪切应变 100％时的水平等效刚度进行恢复力验算。

5. 隔震层支座拉应力验算：同支座短期面压计算工况，为标准值。

6. 隔震支座变形验算：位移验算取罕遇地震下水平地震作用标准值，特殊设防类按极大震工况验算。

7. 隔震支座连接预埋件、螺栓、底板验算：取罕遇地震下最不利荷载效应的标准值。

● 《建筑与市政工程抗震通用规范》 GB 55002—2021

5.1.6 建筑结构隔震层设计应符合下列规定：（强条）

1 隔震设计应根据预期的竖向承载力、水平向减震和位移控制要求，选择适当的隔震装置、抗风装置以及必要的消能装置、限位装置组成的结构的隔震层。

 2 隔震装置应进行竖向承载力的验算，隔震支座应进行罕遇地震下水平位移的验算。

 3 隔震建筑应具有足够的抗倾覆能力，高层建筑尚应进行罕遇地震下整体倾覆承载力验算。

5.1.9 隔震支座与上、下部结构之间的连接，应能传递罕遇地震下隔震支座的最大反力。（强条）

73

隔震层的偏心率有什么要求?

答：设防烈度地震作用下隔震层的偏心率不宜大于3％。

《建筑隔震设计标准》GB/T 51408—2021对偏心率做了明确规定：设防地震作用下，上部结构的质心与隔震层水平刚度中心偏心率不超过3％，以避免结构在地震作用下，上下部结构发生过大的扭转变形。当隔震层以上结构的质心与隔震层刚度中心出现偏心时，势必对隔震层产生扭转效应。隔震层（尤其隔震层未设置在基础面时）作为结构关键部位若发生扭转，对整体结构而言危害极大，应严格进行控制。

《建筑抗震设计规范》GB 50011—2010（2016年版）未对隔震建筑的偏心率限值做明确规定，而是在隔震支座在罕遇地震作用下的水平位移验算要求中，体现了须考虑偏心率对隔震结构的影响。规定扭转影响系数取考虑扭转和不考虑扭转时支座计算位移的比值；当无偏心时，边支座的扭转影响系数不应小于1.15。即：通过要求支座考虑扭转的水平位移不应超过规范限值，来控制隔震层的扭转，而扭转效应多是由于隔震层偏心率造成的。按照《建筑抗震设计规范》GB 50011—2010（2016年版）与《高层建筑混凝土结构技术规程》JGJ 3—2010中对于建筑平面布置的要求，结构宜简单、规则，质量、刚度和承载力分布宜均匀、对称，减少偏心产生的扭转。并明确规定：隔震层的水平刚度中心与上部结构质心应尽量重合，如不重合则应计入扭转变形的影响。

实际工程中，由于隔震支座的刚度随着变形会产生动态变化，应注意隔震层的等效刚度在支座发生变形的过程中以及复位后，因隔震支座刚度的变化带来的隔震层刚度中心的变化，偏心率会随之改变。

● 《建筑隔震设计标准》GB/T 51408—2021

4.6.2 ……

　　4　隔震层刚度中心与质量中心宜重合，设防烈度地震作用下的偏心率不宜大于3％。

● 《叠层橡胶支座隔震技术规程》CECS 126：2001

4.3.1 ……

　　2　隔震层刚度中心宜与上部结构的质量中心重合。

☆　有研究发现在一定范围内隔震层偏心率的降低会使隔震层的扭转响应有所降低，但继续降低偏心率会出现扭转响应变大。主要原因：1）隔震层偏心率计算时隔震支座刚度采用定值，而这时程分析时其等效刚度是随位移的变化而变化的，罕遇地震下，动态等效刚度可能变大也可能变小，导致隔震层实际的扭转效应与预想值存在偏差；2）罕遇地震下当隔震层发生扭转变形时，变形较小侧支座刚度大于变形较大侧，通

167

过隔震层刚性顶板抑制形变较大侧的支座的变形，使得隔震层因扭转产生的相对位移较小，即隔震层具有在扭转变形情况下自动调整抗力降低扭转变形的能力，这也是隔震设计中偏心率计算值不小，而罕遇地震下隔震层扭转效应却不大的主要原因。表明隔震建筑的扭转机理非常复杂，偏心率不完全是控制因素[73-1]。

参考文献：

[73-1] 王金奎，李守恒 . 关于隔震结构中偏心率限定问题的研究 [D] . 乌鲁木齐：新疆大学，2018.

74

隔震层的偏心率如何计算？

答：隔震层刚度中心与上部结构的质量中心偏差比值即为隔震层的偏心率。

隔震建筑大致分为上部结构、隔震层、下部结构三大部分，由于每一部分的质心都是不一样的，那么就需要找出相互之间的对应关系。软件是通过依次找到节点与坐标、重力、连接单元以及连接单元与支座型号的对应关系，来找到重心与刚心的对应关系。首先需要将上部结构的质心统一到一个点，在实际操作中，可取 $1.0D + 0.5L$ 落到隔震层上的竖向构件底部的轴力来计算上部结构质心，计算步骤如下：

重心：
$$X_g = \frac{\sum N_{1,i} \cdot X_i}{\sum N_{1,i}}, Y_g = \frac{\sum N_{1,i} \cdot Y_i}{\sum N_{1,i}}$$

偏心距：
$$e_x = |Y_g - Y_k|, e_x = |X_g - X_k|$$

刚心：
$$X_k = \frac{\sum K_{ey,i} \cdot X_i}{\sum K_{ey,i}}, Y_k = \frac{\sum K_{ex,i} \cdot Y_i}{\sum K_{ex,i}}$$

扭转半径：
$$K_t = \sum \left[K_{ex,i}(Y_i - Y_k)^2 + K_{ey,i}(X_i - X_k)^2 \right]$$

弹力半径：
$$R_x = \sqrt{\frac{K_t}{\sum K_{ex,i}}}, R_y = \sqrt{\frac{K_t}{\sum K_{ey,i}}}$$

偏心率：
$$\rho_x = \frac{e_y}{R_x}, \rho_y = \frac{e_x}{R_y}$$

式中　　$N_{1,i}$——第 i 个隔震支座承受的长期轴压荷载；

X_i、Y_i——第 i 个隔震支座中心位置 X 向和 Y 向坐标；

$K_{ex,i}$，$K_{ey,i}$——第 i 个隔震支座在隔震层发生位移 δ 时，X 向和 Y 向的等效刚度。

隔震支座等效刚度取值：设防地震作用时可取支座剪切变形 100% 的等效刚度。

等效刚度的大小对偏心率的计算影响较大，设计过程中一般取中震下迭代计算的等效刚度，但偏心率的控制目标是控制隔震层扭转变形过大，扭转变形的大小还跟地震作用的大小相关，可通过合理布置隔震支座来削弱结构的扭转效应。

75

隔震层的抗风验算有何要求？

答：须在满足风荷载和其他非地震作用的水平荷载标准值产生的总水平力不超过总重力的 10%的前提下，再进行抗风验算。

隔震层须验算隔震支座的水平屈服荷载是否足以抵抗风荷载（取 50 年一遇标准值，分项系数 1.5☆），当隔震支座水平承载力不能抵抗风荷载作用时，须单独设置抗风装置以提供必要的水平承载力。

隔震支座水平刚度低，需限制非地震作用的水平荷载，设计时应能保证隔震层的水平屈服承载力不小于风荷载设计值。由于隔震层的设置改变了原有结构的动力和变形特性，可能会给结构的抗风性能带来不利影响，特别是对于沿海城市等需要格外关注风荷载的地区，较高的隔震建筑受风荷载作用较为敏感。隔震层含隔震支座、阻尼器和抗风装置。抗风验算要求隔震支座具有一定的水平刚度，目的是保证隔震层在风荷载和微小地震作用下不致产生影响日常生活舒适度的建筑功能。

隔震层水平屈服力验算是针对隔震层（包括隔震支座、阻尼器及抗风装置）的水平恢复力进行的。采用铅芯橡胶支座时，内部铅芯可提供抗风水平承载力。

隔震结构的抗风设计通常采用以下两种方法来进行。

1. 提高隔震层的总屈服力，来满足抗风承载力要求。可通过增加铅芯橡胶支座数量来实现。这种方法效果直接，但是铅芯橡胶支座数量增加的同时，隔震层的水平刚度也相应增加，会削弱隔震效果。

2. 采用另行设置抗风装置的方法抵抗风荷载。抗风装置只需满足建筑在正常使用时隔震层在风荷载作用下不屈服即可，在设防地震、罕遇地震及极罕遇地震作用下允许其屈服或破坏，抗风装置退出工作并不影响上部结构，也就是说抗风装置不参与隔震层的水平刚度贡献。

抗风装置是为了满足隔震层抗风设计要求而增设的专用装置。多数情况下，铅芯橡胶支座就可以承担抗风装置，当其自身水平承载力足够抵抗风荷载时，可不考虑设置其他抗风装置，反之则须增设抗风装置。抗风装置可作为隔震支座的组成部分考虑，也可以独立设置。可采用 X 抗风拉杆、钢板抗风装置（WRS）等，如图 75-1 所示。

● 《建筑抗震设计规范》GB 50011—2010（2016 年版）

12.1.3 ……

3 风荷载和其他非地震作用的水平荷载标准值产生的总水平力不宜超过结构总重力的 10%。

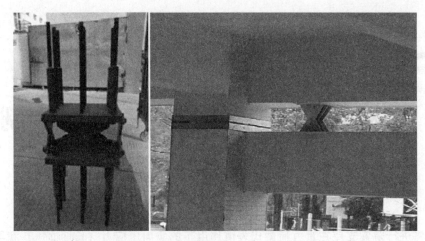

图 75-1 钢板抗风装置（WRS）示意图

● 《建筑隔震设计标准》GB/T 51408—2021

4.6.8 隔震层的抗风承载力应符合下式规定：

$$\gamma_w V_{wk} \leqslant V_{Rw}$$

式中：V_{Rw}——隔震层抗风承载力设计值（N），隔震层抗风承载力由抗风装置和隔震支
　　　　　　座的屈服力构成，按屈服强度设计值确定。

　　　　γ_w——风荷载分项系数，可取 1.4；

　　　　V_{wk}——风荷载作用下隔震层的水平剪力标准值（N）。

☆　风荷载分项系数根据 2022 年 1 月 1 日实施的《工程结构通用规范》GB 55001—2021
　　的第 3.1.13 条要求，应取 1.5。

76

橡胶隔震支座的压应力控制有什么要求？

答：需进行隔震支座在重力荷载代表值作用下的竖向压应力（长期面压）和罕遇地震作用下的竖向压应力（短期面压）的控制，同时对隔震垫的检测检验，也有相应的面压检测控制要求（表76-1）。

隔震支座竖向压应力限值 　　　　　　　　表 76-1

建筑类别	特殊设防类建筑	重点设防类建筑	标准设防类建筑
短期面压(MPa)	20	25	30
长期面压(MPa)	10	12	15

隔震叠层橡胶垫是由薄橡胶片和薄层钢板交互重叠组合而成的，因此才具有这种水平刚度低、垂直刚度高（前者约为后者的1/1000）的支撑垫，将橡胶支座在地震下发生剪切变形后上下钢板投影的重叠部分作为有效受压面积，以该有效受压面积得到的平均应力达到最小屈曲应力（34.0MPa）作为控制橡胶支座稳定的条件，取容许剪切变形为 $0.55D$（D 为支座有效直径），求得相应压应力限值。采用《建筑抗震设计规范》GB 50011—2010（2016年版）设计时，按重力荷载代表值下的隔震垫应力进行先期选取，在选定隔震垫，并确定减震系数符合预期要求后，还应进行罕遇地震下隔震垫最大拉、压应力控制。

支座压应力验算主要包括：长期压应力、短期压应力。

长期压应力：重力荷载代表值作用下隔震支座平均压应力。

长期压应力可仅按重力荷载代表值计算，对需要进行结构倾覆验算时，尚应包括水平地震效应组合，考虑竖向地震作用的结构，应包括竖向地震效应组合，重力荷载代表值可按下式计算（下式未考虑水平、竖向地震作用参与组合）：

长期压应力设计值＝（1.3恒荷载＋1.5活荷载）/隔震支座有效面积；

其中活荷载可按荷载规范考虑折减系数。

短期压应力：在罕遇地震作用下，隔震支座将会在重力荷载代表值产生的竖向应力基础上叠加较大的竖向拉、压应力。此时隔震支座所承受的最大压应力即为需要验算的短期压应力，短期压应力不应大于标准限值。按照《建筑抗震设计规范》GB 50011—2010（2016年版）12.2.1条要求，其中竖向地震作用为标准值，8度0.2g、8度0.3g、9度分别不小于隔震层以上结构总重力荷载代表值的 20%、30% 和 40%，对长期面压列出相应计算公式：

(1) 8 度 0.2g

组合 1：1.0×恒荷载＋1.0×水平地震作用＋0.5×竖向地震作用

$1.0D+1.0F_{ek}+0.5×0.2(1.0D+0.5L)=1.1D+0.05L+1.0F_{ek}$

组合 2：1.0×恒荷载＋0.5×水平地震作用＋1.0×竖向地震作用

$1.0D+0.5F_{ek}+1.0×0.2(1.0D+0.5L)=1.2D+0.10L+0.5F_{ek}$

(2) 8 度 0.3g

组合 1：1.0×恒荷载＋1.0×水平地震作用＋0.5×竖向地震作用

$1.0D+1.0F_{ek}+0.5×0.3(1.0D+0.5L)=1.15D+0.075L+1.0F_{ek}$

组合 2：1.0×恒荷载＋0.5×水平地震作用＋1.0×竖向地震作用

$1.0D+0.5F_{ek}+1.0×0.3(1.0D+0.5L)=1.3D+0.15L+0.5F_{ek}$

(3) 9 度区 0.4g

组合 1：1.0×恒荷载＋1.0×水平地震作用＋0.5×竖向地震作用

$1.0D+1.0F_{ek}+0.5×0.4(1.0D+0.5L)=1.2D+0.1L+1.0F_{ek}$

组合 2：1.0×恒荷载＋0.5×水平地震作用＋1.0×竖向地震作用

$1.0D+0.5F_{ek}+1.0×0.4(1.0D+0.5L)=1.4D+0.2L+0.5F_{ek}$

● **《建筑抗震设计规范》GB 50011—2010（2016 年版）**

12.2.3 ……

3 橡胶隔震支座在重力荷载代表值的竖向压应力不应超过表 12.2.3 的规定。

表 12.2.3 橡胶隔震支座压应力限值

建筑类别	甲类建筑	乙类建筑	丙类建筑
压应力限值（MPa）	10	12	15

注：1 压应力设计值应按永久荷载和可变荷载的组合计算；其中，楼面活荷载应按现行国家标准《建筑结构荷载规范》GB 50009 的规定乘以折减系数；

2 结构倾覆验算时应包括水平地震作用效应组合；对需进行竖向地震作用计算的结构，尚应包括竖向地震作用效应组合；

3 当橡胶支座的第二形状系数（有效直径与橡胶层总厚度之比）小于 5.0 时应降低压应力限值：小于 5 不小于 4 时降低 20%，小于 4 不小于 3 时降低 40%；

4 外径小于 300mm 的橡胶支座，丙类建筑的压应力限值为 10MPa。

条文说明：

1 关于橡胶隔震支座的压应力和最大拉应力限值。

1）根据 Haringx 弹性理论，按稳定要求，以压缩荷载下叠层橡胶水平刚度为零的压应力作为屈曲应力 σ_{cr}，该屈曲应力取决于橡胶的硬度、钢板厚度与橡胶厚度的比值、第一形状参数 s_1（有效直径与中央孔洞直径之差 $D-D_0$ 与橡胶层 4 倍厚度 $4t_r$ 之比）和第二形状参数 s_2（有效直径 D 与橡胶层总厚度 nt_r 之比）等。

通常，隔震支座中间钢板厚度是单层橡胶厚度的一半，取比值 0.5。对硬度为 30～60 共七种橡胶，以及 $s_1=11$、13、15、17、19、20 和 $s_2=3$、4、5、6、7，累计 210 种组合进行了计算。结果表明：满足 $s_1≥15$ 和 $s_2≥5$ 且橡胶硬度不小于 40 时，最小的屈曲应力值为 34.0MPa。

将橡胶支座在地震下发生剪切变形后上下钢板投影的重叠部分作为有效受压面积，以该有效受压面积得到的平均应力达到最小屈曲应力作为控制橡胶支座稳定的条件，取容许剪切变形为 0.55D（D 为支座有效直径），则可得本条规定的丙类建筑的压应力限值

$$\sigma_{max} = 0.45\sigma_{cr} = 15.0\text{MPa}$$

对 $s_2 < 5$ 且橡胶硬度不小于 40 的支座，当 $s_2 = 4$，$\sigma_{max} = 12.0\text{MPa}$；$s_2 = 3$，$\sigma_{max} = 9.0\text{MPa}$。因此规定，$s_2 < 5$ 时，平均压应力限值需予以降低。

● 《建筑隔震设计标准》GB/T 51408—2021

4.6.3 隔震支座的压应力和徐变性能应符合下列规定：

1 隔震支座在重力荷载代表值作用下，竖向压应力设计值不应超过表 4.6.3 的规定。

2 对于隔震橡胶支座，当第二形状系数（有效直径与橡胶层总厚度之比）小于 5.0 时，应降低平均压应力限值：小于 5 且不小于 4 时降低 20%，小于 4 且不小于 3 时降低 40%；标准设防类建筑外径小于 300mm 的支座，其压应力限值为 10MPa。

5 在建筑设计工作年限内，隔震支座刚度、阻尼特性变化不应超过初期值的 ±20%；橡胶支座的徐变量不应超过内部橡胶总厚度的 5%。

表 4.6.3 隔震支座在重力荷载代表值下的压应力限值（MPa）

支座类型	特殊设防类建筑	重点设防类建筑	标准设防类建筑
隔震橡胶支座	10	12	15

表 6.2.1-1 隔震橡胶支座在罕遇地震下的最大竖向压应力限值

建筑类别	特殊设防类建筑	重点设防类建筑	标准设防类建筑
压应力限值（MPa）	20	25	30

● 《建筑工程抗震性态设计通则》CECS 160：2004

11.2.6 在设防地震（或设计基本地震加速度）作用下的隔震层竖向承载力验算仅考虑重力荷载，并应符合下列要求：

（1）隔震支座竖向压应力不应大于支座破坏压应力的 1/6；

（2）隔震层总竖向压力设计值不应小于上部结构总重力荷载代表值；

（3）隔震层边、角处隔震支座竖向压力设计值应大于该支座承受的重力荷载代表值的 1.2 倍。

● 《建筑隔震橡胶支座》JG/T 118—2018

3.1.12 竖向极限压应力 vertical ultimate compressive stress
支座在无剪应变状态下竖向受压至破坏所能承受的最大压应力。

6.4 支座竖向和水平力学性能

支座竖向和水平力学性能要求见表 5。支座的计算模型参照附录 B，建议的支座标准化产品规格和参数参照附录 C。

表 5　支座竖向和水平力学性能要求

项目		性能要求
竖向性能（天然橡胶支座、铅芯橡胶支座、高阻尼橡胶支座）	竖向压缩刚度	实测值允许偏差为+30%；平均值允许偏差为+20%
	压缩变形性能	荷载-位移曲线应无异常
	竖向极限压应力	当 $3 \leqslant s_2 \leqslant 4$ 时，应不小于 60MPa； 当 $4 < s_2 \leqslant 5$ 时，应不小于 75MPa； 当 $s_2 > 5$ 时，应不小于 90MPa
	当水平位移为支座内部橡胶直径 0.55 倍状态时的极限压应力	当 $3 \leqslant s_2 \leqslant 4$ 时，应不小于 20MPa； 当 $4 < s_2 \leqslant 5$ 时，应不小于 25MPa； 当 $s_2 > 5$ 时，应不小于 30MPa

77

橡胶支座的拉应力控制有什么要求？

答：一般隔震支座的拉应力要求不应大于 1MPa，且同一地震动加速度时程曲线作用下出现拉应力的支座数量不宜超过支座总数的 30%；特殊设防类隔震建筑的隔震支座不应出现拉应力。

特殊设防类建筑要求不出现拉应力。

橡胶支座绝大多数情况下都承受压应力，只有在发生较大水平剪切变形时，竖向荷载的 P-Δ 效应及剪力会对支座产生附加弯矩，此时与轴力叠加，支座就很可能出现拉应力。橡胶隔震支座的竖向极限拉应力是指在轴向拉力作用下断裂时的极限应力，极限抗拉强度仅有极限抗压强度的 6%～8%，远远小于橡胶支座抗压性能。当支座不可避免地出现拉应力时，橡胶隔震支座内部会产生很多空孔，经过较大受拉变形后再受压，竖向刚度会明显降低，考虑橡胶受拉后内部有损伤，将会降低支座的弹性性能，并且隔震支座出现拉应力，意味着上部结构存在倾覆危险。作为竖向构件的一部分，隔震支座出现拉应力过大，后果尤为严重，需进行最大拉应力控制。根据隔震垫的抗拉实验结果，及参照国外的相关标准，将隔震垫的拉应力限定为 1MPa。

《叠层橡胶支座隔震技术规程》CECS 126：2001 中要求叠层橡胶支座的竖向极限拉应力不小于 1.2MPa，之后的《建筑抗震设计规范》GB 50011—2010（2016 年版）及《建筑隔震设计标准》GB/T 51408—2021 给出的支座极限拉应力限值为 1.0MPa，可见对抗拉应力的控制愈加严格。

隔震支座最大拉应力发生在罕遇地震作用下，也可称为短期拉应力。

短期拉应力：在罕遇地震作用下，隔震支座将会在重力荷载代表值产生的竖向应力基础上叠加较大的竖向拉、压应力。

按照《建筑抗震设计规范》GB 50011—2010（2016 年版）12.2.1 条要求，其中竖向地震作用为标准值，8 度 0.2g、8 度 0.3g、9 度分别不小于隔震层以上结构总重力荷载代表值的 20%、30% 和 40%，对短期面压列出相应计算公式：

（1）8 度 0.2g

组合 1：1.0×恒荷载－1.0×水平地震作用－0.5×竖向地震作用

$$1.0D - 1.0F_{ek} - 0.5 \times 0.2(1.0D + 0.5L) = 0.9D - 0.05L - 1.0F_{ek}$$

组合 2：1.0×恒荷载－0.5×水平地震作用－1.0×竖向地震作用

$$1.0D - 0.5F_{ek} - 1.0 \times 0.2(1.0D + 0.5L) = 0.8D - 0.10L - 0.5F_{ek}$$

（2）8 度 0.3g

组合 1：1.0×恒荷载−1.0×水平地震作用−0.5×竖向地震作用

$1.0D-1.0F_{ek}-0.5\times0.3(1.0D+0.5L)=0.85D-0.075L-1.0F_{ek}$

组合 2：1.0×恒荷载−0.5×水平地震作用−1.0×竖向地震作用

$1.0D-0.5F_{ek}-1.0\times0.3(1.0D+0.5L)=0.7D-0.15L-0.5F_{ek}$

（3）9 度区 0.4g

组合 1：1.0×恒荷载−1.0×水平地震作用−0.5×竖向地震作用

$1.0D-1.0F_{ek}-0.5\times0.4(1.0D+0.5L)=0.8D-0.1L-1.0F_{ek}$

组合 2：1.0×恒荷载−0.5×水平地震作用−1.0×竖向地震作用

$1.0D-0.5F_{ek}-1.0\times0.4(1.0D+0.5L)=0.6D-0.2L-0.5F_{ek}$

● **《建筑抗震设计规范》GB 50011—2010（2016 年版）**

12.2.4 ……

1 ……其橡胶支座在罕遇地震的水平和竖向地震同时作用下，拉应力不应大于 1MPa。

条文说明：

1 关于橡胶隔震支座的压应力和最大拉应力限值。

2）规定隔震支座控制拉应力，主要考虑下列三个因素：

①橡胶受拉后内部有损伤，降低了支座的弹性性能；

②隔震支座出现拉应力，意味着上部结构存在倾覆危险；

③规定隔震支座拉应力 σ_t＜1MPa 理由是：1）广州大学工程抗震研究中心所做的橡胶垫的抗拉试验中，其极限抗拉强度为（2.0～2.5）MPa；2）美国 UBC 规范采用的容许抗拉强度为 1.5MPa。

● **《建筑隔震设计标准》GB/T 51408—2021**

6.2.1 罕遇地震作用下隔震支座的竖向受力应符合下列规定：

2 隔震橡胶支座竖向拉应力不应超过表 6.2.1-4 所规定的限值，且同一地震动加速度时程曲线作用下出现拉应力的支座数量不宜超过支座总数的 30%。

表 6.2.1-4 隔震橡胶支座在罕遇地震下的竖向拉应力限值

建筑类别	特殊设防类建筑	重点设防类建筑	标准设防类建筑
拉应力限值（MPa）	0	1.0	1.0

注：隔震支座验算最大压应力和最小压应力时，应考虑水平及竖向地震同时作用产生的最不利轴力；其中水平和竖向地震作用产生的应力应取标准值。

条文说明：

多层尤其是高层建筑隔震设计过程中，应重点关注隔震支座受拉问题。罕遇地震作用下，隔震橡胶支座的最大拉应力应满足本标准前文规定的数值，且出现拉应力的支座数量不宜过多，限制在不超过支座总数的 30% 以下。

7.1.3 大跨屋盖建筑采用隔震设计时除应符合本标准其他章节的规定外，尚应符合下列规定：

2 采用基底隔震时，隔震装置不应承担由竖向荷载引起的水平推力，隔震装置在风荷载作用下不应受拉；

3 采用屋盖隔震时，屋盖上宜设置承受水平拉力的构件，隔震装置不宜承担由永久荷载引起的水平推力，且在风荷载作用下不宜竖向受拉，可增设抗风装置或抗拉装置。

● 《建筑隔震橡胶支座》JG/T 118—2018

3.1.13 竖向极限拉应力 vertical ultimate tensile stress
支座竖向拉伸至破坏所能承受的最大拉应力。

6.4 支座竖向和水平力学性能
支座竖向和水平力学性能要求见表 5。支座的计算模型参照附录 B，建议的支座标准化产品规格和参数参照附录 C。

表 5 支座竖向和水平力学性能要求

项目		性能要求
竖向性能（天然橡胶支座、铅芯橡胶支座、高阻尼橡胶支座）	竖向极限拉应力	应不小于 1.5MPa
	竖向拉伸刚度	实测值允许偏差为＋30％；平均值允许偏差为＋20％
	侧向不均匀变形	直径或边长不大于 600mm 支座，侧向不均匀变形不大于 3mm；直径或边长不大于 1000mm 支座，侧向不均匀变形不大于 5mm；直径或边长不大于 1500mm 支座，侧向不均匀变形不大于 7mm

☆ 正确设置隔震垫的抗拉刚度是准确计算支座拉应力的第一步，需要通过软件参数的设置考虑隔震垫的拉、压不同刚度。

☆ 《建筑隔震设计标准》GB/T 51408—2021 提出了出现拉应力的支座数量占比要求，是较《建筑抗震设计规范》GB 50011—2010（2016 年版）更加严格的内容。

78

罕遇地震下，橡胶隔震支座出现大于限值的拉应力如何处理？

答：橡胶隔震支座拉应力不满足计算要求时可采取的措施如下：

1. 将铅芯橡胶支座改为一般橡胶支座（仅用于个别凸角或凹角处支座）；

2. 加大隔震支座或增设隔震支座（同一点处增设）；

3. 加大隔震支座间距（如加大剪力墙下支座间距、通过转换梁托柱增大下部支柱间距等）；

4. 必要时调整上部结构布置、上部结构刚度，减少支座拉应力；

5. 在隔震层增设阻尼装置，降低地震反应以减小支座拉应力；

6. 设置抗拉装置；

7. 有条件时可采用支座提离技术。

罕遇地震作用下的最大竖向拉应力的控制，是隔震设计的关键点之一。当多层建筑罕遇地震作用下的个别隔震垫出现竖向拉应力，一般可加大该隔震垫直径，甚至同一点下增设一个隔震垫；或调整该隔震垫的刚度，如改铅芯隔震垫为天然橡胶隔震垫；此外，还可调整该隔震垫上部结构刚度，如减小上部局部框架构件截面尺寸，使该框架柱承担的倾覆力矩减小；此外，如有地下室，且为地下室顶隔震，可将隔震层下移，改为基础隔震。

当建筑物的高宽比达到一定程度时，尤其是高层建筑的周边和框架剪力墙建筑的剪力墙下，一般隔震垫在验算罕遇地震下会出现拉应力超限。最有效的措施是在隔震层结构角部和边缘布置阻尼器，直接作用是可减小支座最大拉应力，同时增加支座恢复力，对于高层隔震建筑，对结构抗倾覆也起到有效作用。此外，还可采用增大隔震层隔震垫的布置间距，使周边支座承担更大竖向荷载；或增设抗拉装置；也可提高隔震层的设置位置，使隔震层上部结构的高宽比减小，从而减小结构整体倾覆弯矩；还可采用综合减隔震技术，下部采用隔震技术的同时，在上部结构采用减震技术，减小上部结构的地震反应，达到隔震垫拉应力控制的要求。

当钢筋混凝土剪力墙结构或框架-剪力墙结构采用隔震技术时，由于剪力墙是主要抗侧力构件，通常在首层承担的地震剪力和倾覆力矩最大，建筑平面角部的剪力墙在大震作用下不可避免地要承受一定的拉力，为避免大震作用下局部墙下支座可能产生较大拉应力而引起支座损伤，目前已有实际工程采用了释放竖向拉力的构造措施[78-1]，具体连接方式如图 78-1 所示。

当隔震结构采用了上述可释放竖向拉力的隔震支座时，设计时应考虑支座被提离后将

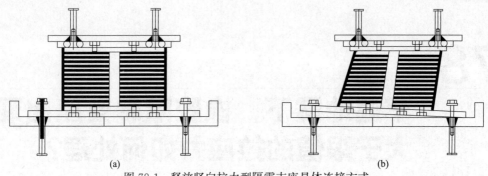

(a)　　　　　　　　　　　　　　　　　　(b)

图 78-1　释放竖向拉力型隔震支座具体连接方式

（a）支座提离前；（b）支座提离后

不再提供竖向抗拉作用。

☆　注意：结构分析模型中，隔震垫的抗拉刚度的正确取值，是得到各隔震垫各工况下正确应力的第一步，产品厂家未给出抗拉刚度的情况下，一般隔震垫的抗拉刚度是按该隔震垫抗压刚度的 1/8～1/12 取用；同时，注意由于同一隔震垫拉压刚度的不同，会造成在隔震垫最终出现拉应力的情况下，分析条件的非线性组合因素。

☆　根据 2018 年 12 月 1 日实施的《建筑隔震橡胶支座》JG/T 118—2018 的产品标准，要求对建筑隔震橡胶支座产品的竖向极限拉应力和竖向拉伸刚度等力学性能指标进行型式检验。同时，该标准的附录 C 提供了建议的支座标准化产品规格和参数，设计可参照附录中的参数进行设计。

参考文献：

[78-1] 邓烜，叶烈伟，郁银泉，等 . 大底盘多塔隔震结构设计 [J] . 建筑结构，2015，45（8）：14-18.

79

对橡胶隔震支座最大水平变形控制有哪些要求？

答：橡胶隔震支座最大水平变形不应大于 3 倍橡胶总厚度和 0.55 倍支座有效直径二者的较小值。

隔震支座的两个重要水平性能参数：水平刚度和水平极限变形能力。

叠层橡胶支座的水平极限变形能力是指在水平荷载作用下（设计时考虑罕遇、极罕遇水平地震作用），上下板面水平相对位移。极限剪切变形不应小于橡胶支座的橡胶总厚度的 300%～400%，主要是保证橡胶隔震垫不产生不可恢复的变形。可以用剪应变 γ，即支座上下板面水平相对位移与橡胶层总厚度之比来表示：

$$\gamma = \frac{\delta_H}{t_r}$$

式中 δ_H——支座上下板面水平相对位移；

t_r——橡胶层总厚度。

罕遇地震下位移验算公式：

$$u_i \leqslant [u_i]$$

$$u_i = \eta_i u_c$$

式中 u_i——罕遇地震作用下，第 i 个隔震支座的水平位移；

$[u_i]$——第 i 个隔震支座的水平位移限值；对橡胶支座不应超过该支座有效直径的 0.55 倍和支座内橡胶总厚度的 3.0 倍二者的较小值；

u_c——罕遇地震下隔震层质心处或不考虑扭转的水平位移；

η_i——第 i 个隔震支座的扭转影响系数，应取考虑扭转和不考虑扭转时 i 支座计算位移的比值；当隔震层以上结构的质心与隔震层刚度中心在两个主轴方向均无偏心时，边支座的扭转影响系数不应小于 1.15。

隔震支座的水平极限变形应小于 $0.55D$（D 为支座有效直径），以保证支座在竖向极限压应力作用下承载力不至于明显降低。这是因为随着橡胶支座发生剪切变形后，上下钢板投影的重叠部分面积（受压面积）随之减小，即支座的容许竖向承载力随之减小，如图 79-1 所示。大量试验显示，铅芯橡胶隔震垫的变形能力不超过 350%，且水平有效刚度及阻尼性能稳定[79-1]。

橡胶隔震支座进场须进行水平极限变形能力的见证检验，极限剪切变形不应小于橡胶总厚度的 400% 与 $0.55D$ 的较大值，对于直径大于 800mm 的支座，水平极限剪切变形可

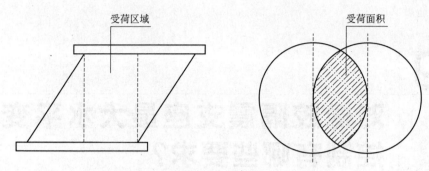

图 79-1　隔震支座变形时受荷面积示意图

取支座在罕遇地震下的最大水平位移值进行检验。

●《建筑抗震设计规范》GB 50011—2010（2016 年版）

12.2.1 ……

隔震支座应进行竖向承载力验算和罕遇地震下水平位移的验算。

12.2.3　隔震层的橡胶隔震支座应符合下列要求：

1　隔震支座在表 12.2.3 所列的压应力下的极限位移水平变位，应大于其有效直径的 0.55 倍和支座内部橡胶总厚度 3 倍二者的较大值。

条文说明：

12.2.3 ……

2　……橡胶支座随着水平剪切变形的增大，其容许竖向承载能力将逐渐减小，为防止隔震支座在大变形的情况下失去承载能力，故要求支座的剪切变形应满足 $\sigma \leqslant \sigma_{cr}$（$1 - \gamma/s_2$），式中，$\gamma$ 为水平剪切变形，s_2 为支座第二形状系数，σ 为支座竖向面压，σ_{cr} 为支座极限抗压强度。同时支座的竖向压应力不大于 30MPa，水平变形不大于 0.55D 和 300% 的较小值。

●《建筑隔震设计标准》GB/T 51408—2021

4.6.6　隔震支座在地震作用下的水平位移应符合下式规定：

$$u_{hi} \leqslant [u_{hi}] \tag{4.6.6}$$

式中：$[u_{hi}]$——第 i 个隔震支座的水平位移限值（mm）；

u_{hi}——第 i 个隔震支座考虑扭转的水平位移（mm）。

隔震支座在地震作用下的水平位移按如下规定取值：

1　除特殊规定外，在罕遇地震作用下隔震橡胶支座的 $[u_{hi}]$ 取值不应大于支座直径的 0.55 倍和各层橡胶厚度之和 3.0 倍二者的较小值。

2　对特殊设防类建筑，在极罕遇地震作用下隔震橡胶支座的 $[u_{hi}]$ 值可取各层橡胶厚度之和的 4.0 倍。

4.6.7　隔震支座产品的水平极限变形或水平极限位移应以产品型检报告为准；隔震橡胶支座产品的水平极限变形不应低于各层橡胶厚度之和的 4.0 倍。

4.6.9 ……

3　隔震层在罕遇地震下应保持稳定，不宜出现不可恢复的变形。隔震支座在罕遇水平和竖向地震共同作用下，最大拉应力、压应力应符合本标准第7.2.1条的要求。

● 《建筑隔震橡胶支座》JG/T 118—2018

3.1.14 水平极限变形能力 lateral ultimate deformation capacity

支座在恒定压力作用下水平加载至破坏时的水平变形满足变形要求的能力。天然橡胶支座和铅芯橡胶支座相关性能要求应符合表7的规定。

表7 天然橡胶支座和铅芯橡胶支座相关性能要求

项目		性能要求
大变形相关性能	水平等效刚度,屈服力变化率(LRB)	+20%
	等效阻尼比变化率(LRB)	

6.4 支座竖向和水平力学性能

表5 支座竖向和水平力学性能要求

项目		性能要求
水平极限性能(天然橡胶支座、铅芯橡胶支座、高阻尼橡胶支座)	水平极限变形能力	极限剪切变形不应小于橡胶总厚度的400%与0.55D的较大值

● 《建筑隔震工程施工及验收规范》JGJ 360—2015

4.2.1 支座应进行见证检验，用于水平极限变形能力检测的支座不得用于工程。见证检验技术要求应符合下列规定，检验结果应符合设计要求：

3 水平极限变形能力：应按现行行业标准《建筑隔震橡胶支座》JG 118要求进行检验。对直径大于800mm的支座，水平极限剪切变形可取支座在罕遇地震下的最大水平位移值进行检验。

检查数量：同一生产厂家、同一类型、同一规格的产品，取总数量的2%且不少于3个进行支座力学性能试验，其中检查总数的每3个支座中，取一个进行水平大变形剪切试验。

检验方法：检查检验报告。

☆ 产品标准《建筑隔震橡胶支座》JG/T 118—2018，已经将橡胶隔震垫水平极限剪切变形要求，提高到不应小于橡胶总厚度的400%。

参考文献：

[79-1] 刘文光，周福霖，庄学真，等. 铅芯夹层橡胶隔震垫基本力学性能研究 [J]. 地震工程与工程振动，1999（19）：93-99.

80 隔震结构抗倾覆验算有什么要求?

答：隔震结构的抗倾覆应按罕遇地震作用下计算倾覆力矩，并按上部结构重力荷载代表值计算抗倾覆力矩，抗倾覆力矩与倾覆力矩之比不应小于 1.1。

抗倾覆验算是建筑结构（尤其是高宽比较大的结构）抗震设计的重要内容之一，《建筑抗震设计规范》GB 50011—2010（2016 年版），通过限制隔震结构的高宽比以及控制隔震支座的拉应力来考虑隔震结构抗倾覆问题。

《建筑隔震设计标准》GB/T 51408—2021 针对隔震结构的抗倾覆提出了明确要求：隔震房屋须进行罕遇地震作用下的抗倾覆验算，且须同时验算隔震支座拉压承载力，尤其是倾覆力矩下的支座拉应力验算，抗倾覆力矩与倾覆力矩之比不应小于 1.1。

隔震结构的抗倾覆力矩计算方法与抗震结构相同，计算倾覆力矩的水平地震作用应按罕遇地震作用下考虑。

抗倾覆力矩计算时，计算上部结构各层重心相对于隔震层底部形心在水平方向的偏移量 ΔX_i（图 80-1），以结构变形后各层形心到最外侧边缘隔震支座轴线的距离 r_i 为相应楼层抵抗倾覆力矩力臂，则隔震结构的抗倾覆力矩可表示为：

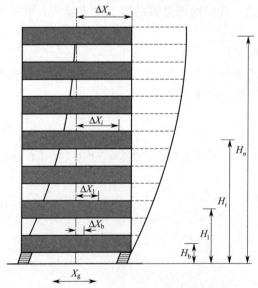

图 80-1 上部结构重心偏移示意图

$$M_R = G_b(r_b - \Delta X_b) + \sum_{i=1}^{n} G_i(r_i - \Delta X_i)$$

式中　G_b、G_i——隔震层和上部结构各层的永久荷载标准值;

　　　　r_b、r_i——隔震层和上部结构各层的初始形心位置到最外侧边缘隔震支座轴线的距离。

● 《建筑隔震设计标准》GB/T 51408—2021

4.6.9　隔震房屋抗倾覆验算应符合下列规定:

　　1　隔震建筑应进行结构整体抗倾覆验算和隔震支座拉压承载能力验算;

　　2　结构整体抗倾覆验算时,应按罕遇地震作用计算倾覆力矩,并应按上部结构重力代表值计算抗倾覆力矩,抗倾覆力矩与倾覆力矩之比不应小于1.1。

条文说明:

　　抗倾覆力矩的计算可计入隔震层抗拉装置的作用。

81 | 对橡胶隔震垫的弹性恢复力有什么要求？

答：隔震层的弹性恢复力须保证隔震层在地震作用后基本恢复原位，一般由隔震装置的弹性恢复力及阻尼装置提供。

隔震层的弹性恢复力是指隔震支座在遭受外力作用下，产生水平变形后自行复位的性能。隔震支座除了满足受压承载力和罕遇地震下隔震支座的最大水平位移的要求外，还应验算水平屈服荷载、弹性水平恢复力和罕遇地震下的拉应力等。

《建筑隔震设计标准》GB/T 51408—2021 要求隔震层在地震后基本恢复原位，隔震层在罕遇地震作用下的水平最大位移所对应的恢复力，不宜小于隔震层屈服力与摩阻力之和的 1.2 倍。

在《叠层橡胶支座隔震技术规程》CECS 126：2001 中明确要求对隔震支座的弹性恢复力应进行验算，规程的式（4.3.6）表明，隔震建筑在多遇地震下，隔震支座产生的水平恢复力要大于隔震支座水平屈服荷载，即隔震支座屈服后，仍然应保持有足够大的恢复力，不至出现明显的残余变形，以及能够承受余震和将来再次发生地震的能力。

《建筑抗震设计规范》GB 50011—2010（2016 年版）提到的"隔震层在罕遇地震下应保持稳定，不宜出现不可恢复的变形"，也是对隔震支座应具有足够弹性恢复力要求的体现。

● **《建筑抗震设计规范》GB 50011—2010（2016 年版）**

12.2.4 隔震层的布置、竖向承载力、侧向刚度和阻尼应符合下列规定：

　　1 ……隔震层在罕遇地震作用下应保持稳定，不宜出现不可恢复的变形。

● **《建筑隔震设计标准》GB/T 51408—2021**

4.6.1 ……

　　4 当隔震层采用隔震支座和阻尼器时，应使隔震层在地震后基本恢复原位，隔震层在罕遇地震作用下的水平最大位移所对应的恢复力，不宜小于隔震层屈服力与摩阻力之和的 1.2 倍。

4.6.9 ……

　　3 隔震层在罕遇地震作用下应保持稳定，不宜出现不可恢复的变形。

● **《建筑工程抗震性态设计通则》CECS 160：2004**

11.2.5 隔震层（含隔震支座、阻尼和抗风装置等）的水平恢复力特性应符合下列要求：

(1) 在设防地震（或设计基本地震加速度）作用下的隔震层剪力应大于隔震层屈服剪力的 1.5 倍；

(2) 在设防地震（或设计基本地震加速度）作用下的隔震层剪力应大于设计风荷载下的隔震层剪力；

(3) 抗风装置的屈服剪力应大于设计风荷载作用下的隔震层剪力；

(4) 在设防烈度（或设计基本地震加速度）作用下，与隔震支座最大位移相应的隔震层恢复力应比 50% 最大位移相应的恢复力大 $0.025G$（G 为上部结构的重力荷载代表值）。

● **《叠层橡胶支座隔震技术规程》CECS 126:2001**

4.3.6 隔震支座的弹性恢复力应符合下列要求：

$$K_{100}t_r \geqslant 1.4V_{Rw} \tag{4.3.6}$$

式中：K_{100}——隔震支座在水平剪切应变 100% 时的水平有效刚度。

t_r——隔震支座内部橡胶总厚度。

V_{Rw}——抗风装置的水平承载力设计值（kN）；当抗风装置是隔震支座的组成部分时，取隔震支座的水平屈服荷载设计值；当抗风装置单独设置时，可取抗风装置的水平承载力，按材料屈服强度设计值确定。

82 | 隔震支座的连接件需要设计吗？

答：需要，隔震支座的连接用的预埋件、螺栓应能传递罕遇地震下隔震支座和阻尼装置产生的最大水平剪力和弯矩，并遵循强连接、弱构件的原则。

隔震支座连接件的作用在于能够有效传递上、下部结构与隔震垫之间的内力，其连接件的材料、尺寸、规格等均需要通过计算确定，满足传递罕遇地震下内力要求。隔震支座连接件有连接钢板、预埋钢板、螺栓和预埋锚杆或锚筋，各连接件之间的设置如图 82-1 所示。

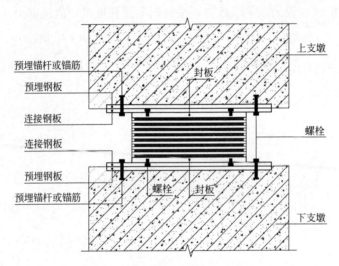

图 82-1　隔震支座连接件示意图

预埋锚杆或锚筋与上、下部预埋钢板相连，固定在上、下支墩或隔震层顶梁和基础里，连接钢板与隔震支座内部通过螺栓连接，连接钢板和预埋钢板之间用高强度螺栓连接，由图 82-1 可知隔震支座的剪力通过螺栓、连接钢板、预埋钢板、预埋锚杆或锚筋传递到隔震支座的上、下支墩，并进而传递给上、下部结构。上部结构的内力有上部结构柱（墙）底的轴力、剪力和弯矩，由于隔震层顶部梁板刚度较大，设计中可假设柱底弯矩全部由梁承担，隔震支座不承担柱底弯矩。

● 《建筑与市政工程抗震通用规范》GB 55002—2021

5.1.9　隔震支座与上、下部结构之间的连接，应能传递罕遇地震下隔震支座的最大反力。（强条）

188

● **《建筑抗震设计规范》GB 50011—2010（2016 年版）**

12.2.8 ······

　　2　隔震支座和阻尼装置的连接构造，应符合下列要求：

　　2）隔震支座与上部结构、下部结构之间的连接件，应能传递罕遇地震下支座的最大水平剪力和弯矩。

条文说明：

　　上部结构的底部剪力通过隔震支座传给基础结构。因此，上部结构与隔震支座的连接件、隔震支座与基础的连接件应具有传递上部结构最大底部剪力的能力。

● **《建筑隔震设计标准》GB/T 51408—2021**

6.3.1 ······

　　2　隔震支座和阻尼装置与建筑结构之间的连接件，应能传递罕遇地震下隔震支座和阻尼装置产生的最大水平剪力和弯矩，遵循强连接、弱构件的原则；

　　3　与隔震支座相连的支墩、支柱及相连构件应计算抗冲切和局部承压，构造上应加密箍筋并应根据需要配置网状钢筋。

条文说明：

　　隔震层顶部楼盖应具有足够的刚度和承载力，以有效传递隔震层上、下部结构的竖向荷载和水平荷载，并有效协调隔震层整体位移。隔震支座和阻尼装置与建筑结构之间的连接件，应能传递罕遇地震作用下隔震支座和阻尼装置产生的最大水平剪力和弯矩，以保证隔震支座和阻尼装置能够持续、稳定的发挥作用。与隔震支座和阻尼装置相连的支墩、支柱等还应计算抗冲切和局部承压。

● **《叠层橡胶支座隔震技术规程》CECS 126：2001**

4.3.3　隔震层连接部件（如隔震支座或抗风装置的上、下连接件，连接用预埋件等）应按罕遇地震作用进行强度验算。

6.2.1　隔震支座与上部结构、下部结构之间应设置可靠的连接部件。

83

隔震支座的连接件如何计算？

答：隔震支座连接件取罕遇地震作用下隔震支座产生的最大内力。

因下部结构是在罕遇地震作用下进行设计的，故隔震支座的连接件应能传递罕遇地震作用下的内力，考虑支座在轴向力、水平剪力和弯矩共同作用下的受力状态（图 83-1）。预埋件及连接件依据《混凝土结构设计规范》GB 50010—2010（2015 年版）第 9.7 节进行计算。

1. 计算每个螺栓上承担的剪力 $N_v = V/n$。

2. 计算每个螺栓上承担的轴压力 N/n。

3. 假设隔震支座中心位置为中性轴位置，螺栓群在弯矩作用下，中性轴一侧受拉一侧受压，最大拉力 N_1 由最外侧螺栓承担，可由平衡方程求得：$N_t = N_1 - N/n$。

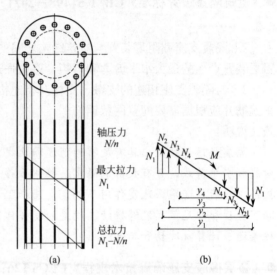

轴压力 N/n

最大拉力 N_1

总拉力 $N_1 - N/n$

(a)　　　　(b)

图 83-1　螺栓受力分析图

4. 上述 N 应取上部结构柱（墙）底内力组合中的 N_{max} 和 N_{min} 分别计算，N_t 取最大值。

若 $N_t > 0$，螺栓按同时承受拉力和剪力验算，须满足下式要求：

$$\sqrt{\left(\frac{N_v}{N_v^b}\right)^2 + \left(\frac{N_t}{N_t^b}\right)^2} \leqslant 1$$

$$N_v \leqslant N_c^b$$

若 $N_t \leqslant 0$，则螺栓按仅承受剪力验算，须满足下式要求：

$$N_c \leqslant N_c^b \text{ 且 } N_v \leqslant N_v^b$$

式中　　n——螺栓个数；

N_t、N_v——分别为螺栓所承受的拉力和剪力；

N_v^b、N_c^b——分别为受剪螺栓的抗剪承载力设计值和承压承载力设计值；

N_t^b——抗拉螺栓的承载力设计值。

5. 选择螺栓规格，并验算。

图 83-2 连接钢板上的轴力产生的压应力 $\sigma_1 = N/A$，A 为连接钢板面积，弯曲应力

$\sigma_2 = M/W$，W 为连接钢板的面积矩，两部分应力叠加应力见图 83-2。

以隔震支座的边缘做切线，连接钢板切线以外部分会发生弯曲破坏（图 83-2 中阴影部分）。设这部分拉力全部由螺栓承担，则须满足下式要求：

$$n_1 N_t^b \geqslant F_t$$

式中　n_1——该区域内的螺栓个数；

N_t^b——抗拉螺栓的承载力设计值；

F_t——阴影面积内拉应力的合力。

以上计算可按图（b）简化：即将阴影部分面积内的梯形应力换算为均布荷载 q_1'，$q_1' \approx 1.2q_1 \sim 1.3q_1$。由此确定出最终螺栓个数和直径。

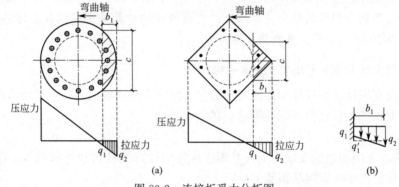

图 83-2　连接板受力分析图

确定螺栓数量及规格后，连接钢板基本可按构造确定。连接螺栓宜均匀对称布置，满足螺栓构造要求。图 83-3 为连接钢板示意图。

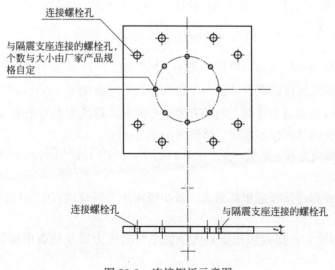

图 83-3　连接钢板示意图

采用以上公式计算时注意，内力效应为标准值，材料抗力为极限值。

隔震支座连接件的连接应可靠，连接的极限强度应高于隔震支座的破坏强度。连接板应进行相关计算（可由产品生产厂家完成和保证）；上支墩底可不设置预埋件；支墩（或支柱）顶面预埋件厚度不宜小于 10mm；为避免上支墩底、下支墩（或支柱）顶面由于竖向钢筋水平弯折造成无筋区并造成支座安装困难的弊端，其竖向钢筋可不必水平弯折，伸至底或顶面即可，当确有锚固需要时，可采用竖向钢筋端部设锚固件的做法。

● 《建筑抗震设计规范》GB 50011—2010（2016 年版）

12.2.8 ……

    2 隔震支座和阻尼装置的连接构造，应符合下列要求：

    3）外露的预埋件应有可靠的防锈措施。预埋件的锚固钢筋应与钢板牢固连接，锚固钢筋的锚固长度宜大于 20 倍锚固钢筋直径，且不应小于 250mm。

☆ 隔震支座应进行竖向承载力的验算和罕遇地震下水平位移的验算；故荷载取值应取在罕遇地震作用下最不利荷载效应的标准值。支座预埋件计算详见《混凝土结构设计规范》GB 50010—2010 第 9.7 节：预埋件及连接件。

● 《建筑隔震设计标准》GB/T 51408—2021

4.6.10 隔震支座连接预埋件和连接螺栓的验算应取支座在轴向力、水平剪力和弯矩共同作用下的受力状态，且宜按本标准附录 C 的规定执行。

6.3.1 ……

    3 与隔震支座相连的支墩、支柱及相连构件应计算抗冲切和局部承压，构造上应加密箍筋并应根据需要配置网状钢筋。·

● 《橡胶支座 第 3 部分：建筑隔震橡胶支座》GB/T 20688.3—2006

7.5 钢板设计

    支座内部钢板的设计可按式（26）计算：

$$\sigma_s = 2\lambda \frac{P t_r}{A_e t_s} \leqslant f_t \qquad (26)$$

式中：σ_s——内部钢板拉应力，单位为兆帕（MPa）；

    f_t——钢材的抗拉强度设计值，单位为牛顿每平方毫米（N/mm²）；

    A_e——支座的顶面和底面之间的有效重叠面积，单位为平方毫米（mm²）；

    t_s——单层内部钢板的厚度，单位为毫米（mm）；

    λ——钢板应力修正系数，无开孔，$\lambda=1.0$；开孔（$A_p/A=0.03\sim0.1$），$\lambda=1.5$。

7.6 连接件设计

    支座连接螺栓和连接板应根据最大、最小竖向压力以及地震中剪切位移进行设计，见附录 G。

7.6 支座连接螺栓和连接板应根据最大、最小竖向压力以及地震中剪切位移进行设计，见附录 G。

● 《叠层橡胶支座隔震技术规程》CECS 126：2001

6.2.2 隔震支座与上部结构、下部结构之间的联结螺栓和锚固钢筋，均必须在罕遇地震作用下对隔震支座在上下联结面的水平剪力、竖向力及其偏心距进行验算。锚固钢筋的锚固长度大于 20 倍钢筋直径，且不小于 250mm。

84

隔震层的下部结构有哪些要求？

答：隔震层支墩、支柱及相连构件，应采用隔震结构罕遇地震下隔震支座底部的竖向力、水平力进行承载力验算；隔震层以下的结构（包括地下室和隔震塔楼下的底盘）中直接支承隔震层以上结构的相关构件，应满足嵌固的刚度比和隔震后设防地震的抗震承载力要求，并按罕遇地震进行抗剪承载力验算。

由于位于隔震层以下，承受的地震作用远大于上部结构，为确保上部结构安全可靠，下部结构须满足承载力、刚度等方面的要求。

下部结构分两部分：一是与隔震支座直接相连的支墩或支柱及相连构件；二是隔震层以下的结构（包括地下室、和隔震塔楼下的底盘）中直接支承隔震层以上结构的相关构件。

与隔震支座直接相连的支墩或支柱及相连构件，除了承担上部结构传来的各项荷载外，还有竖向荷载引起的 P-Δ 效应。对于整体隔震结构体系的稳定性来说，隔震层以下的结构应具有较高的刚度。以保障上部结构的隔震效果，故在罕遇地震作用下，限制结构的层间弹塑性位移角是一种比较合理的设计思路。

根据《建筑抗震设计规范》GB 50011—2010（2016 年版）第 12.2.9 条的要求，隔震层以下的结构（包括地下室和隔震塔楼下的底盘）中直接支承隔震层以上结构的相关构件，应满足嵌固的刚度比要求，对于基础隔震结构无需考虑，对于层间隔震结构而言，即隔震层下一层的楼层刚度应大于隔震层上一层楼层刚度的 2 倍。

《建筑抗震设计规范》GB 50011—2010（2016 年版）和《叠层橡胶支座隔震技术规程》CECS 126：2001 的条文中均提及设置隔震层后，下部结构的水平地震作用和结构抗震验算按罕遇地震进行，并应考虑隔震层水平位移产生的附加影响。需要注意的是，下部结构在罕遇地震作用下的验算，需取隔震后各个隔震支座底部在罕遇地震时向下传递的内力进行验算，而不是隔震前罕遇地震作用下的结构底部各构件的内力。《建筑抗震设计规范》GB 50011—2010（2016 年版）第 12.2.8 条条文说明对此的解释为"上部结构的底部剪力通过隔震支座传给基础结构。因此，上部结构与隔震支座的连接件、隔震支座与基础的连接件应具有传递上部结构最大底部剪力的能力"。可以理解为《建筑抗震设计规范》GB 50011—2010（2016 年版）将下部结构看作上部结构与基础之间的"连接件"。可按图 84-1 受力进行分析。

● 《建筑抗震设计规范》GB 50011—2010（2016 年版）

12.2.9　隔震层以下的结构和基础应符合下列要求：

　　1　隔震层支墩、支柱及相连构件，应采用隔震结构罕遇地震下隔震支座底部的竖向力、水平力和力矩进行承载力验算。

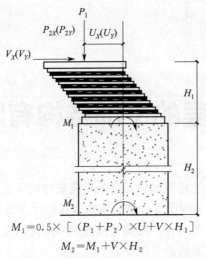

$$M_1 = 0.5 \times [(P_1 + P_2) \times U + V \times H_1]$$

$$M_2 = M_1 + V \times H_2$$

图 84-1 隔震支座下支墩计算示意图

P_1—重力荷载代表值产生的轴力；P_{2X}、P_{2Y}—地震作用下产生的轴力；V_X、V_Y—地震作用下隔震支座传给下部结构的剪力；U_X、U_Y—隔震支座罕遇地震下位移；H_1—隔震支座高度；H_2—下支墩高度；M_1—隔震支座底部弯矩；M_2—下支墩底部弯矩

2 隔震层以下的结构（包括地下室和隔震塔楼下的底盘）中直接支承隔震层以上结构的相关构件，应满足嵌固的刚度比和隔震后设防地震的抗震承载力要求，并按罕遇地震进行抗剪承载力验算。隔震层以下地面以上的结构在罕遇地震下的层间位移角限值应满足表 12.2.9 要求。

表 12.2.9 隔震层以下地面以上结构罕遇地震作用下层间弹塑性位移角限值

下部结构类型	$[\theta_p]$
钢筋混凝土框架结构和钢结构	1/100
钢筋混凝土框架-抗震墙	1/200
钢筋混凝土抗震墙	1/250

● 《建筑隔震设计标准》 GB/T 51408—2021

2.1.4 下部结构 substructure

隔震建筑位于隔震层以下的结构部分，不包括基础。

4.7.1 隔震层下部结构的承载力验算应考虑上部结构传递的轴力、弯矩、水平剪力，以及由隔震层水平变形产生的附加弯矩。

4.7.2 隔震层支墩、支柱及相连构件应采用在罕遇地震作用下隔震支座底部的竖向力、水平力和弯矩进行承载力验算，且应按抗剪弹性、抗弯不屈服考虑，宜按本标准附录 C 的式（C.0.1）进行验算。

4.7.3 隔震层以下的地下室，或塔楼底盘结构中直接支撑隔震塔楼的部分及其相邻一跨的相关构件，应满足设防烈度地震作用下的抗震承载力要求，层间位移角限值应符合表 4.7.3-1 的规定。隔震层以下且地面以上的结构在罕遇地震下的层间位移角限值尚应符合表 4.7.3-2 的规定。特殊设防类建筑尚应进行极罕遇地震作用下的变形验算，其层间位移角限值应符合表 4.7.3-3 的规定。

表 4.7.3-1　下部结构在设防烈度地震作用下弹性层间位移角限值

下部结构类型	$[\theta_e]$
钢筋混凝土框架结构	1/500
底部框架砌体房屋中的框架-抗震墙、钢筋混凝土框架-抗震墙、框架-核心筒	1/600
板柱-抗震墙、钢筋混凝土抗震墙结构	1/700
钢结构	1/300

表 4.7.3-2　下部结构在罕遇地震作用下弹塑性层间位移角限值

下部结构类型	$[\theta_p]$
钢筋混凝土框架结构	1/100
底部框架砌体房屋中的框架-抗震墙、钢筋混凝土框架-抗震墙、框架-核心筒	1/200
钢筋混凝土抗震墙、板柱-抗震墙结构	1/250
钢结构	1/100

表 4.7.3-3　下部结构在极罕遇地震作用下弹塑性层间位移角限值

下部结构类型	$[\theta_p]$
钢筋混凝土框架结构	1/60
底部框架砌体房屋中的框架-抗震墙、钢筋混凝土框架-抗震墙、框架-核心筒	1/130
钢筋混凝土抗震墙、板柱-抗震墙结构	1/150
钢结构	1/60

85

超长隔震结构设计时需要注意什么?

答：超长隔震结构设计时需要关注非载荷引起支座变形问题，施工过程中需考虑进行必要的变形监测，以及隔震垫相应地调整复位。

目前公共建筑和工业建筑中结构形式复杂的超长隔震结构越来越多，施工阶段常出现橡胶隔震支座发生较大侧向变形的现象，这类变形多是由于温度变化以及混凝土收缩所引起的，属于非载荷变形。对设置了隔震支座的隔震建筑，由于隔震支座水平刚度较小，柔性隔震层释放了常规超长结构的部分混凝土收缩产生的应力，给主体结构的受力带来了益处，有利于超长结构的温度应力释放。但也使得隔震支座发生了较大的初始水平位移，且混凝土干缩引起的隔震支座水平位移并不能恢复，初始水平位移的发生再加上支座可能存在的竖向偏心荷载，很可能造成隔震层的安全问题。所以对于超长复杂隔震结构而言，解决非载荷变形也是设计重点之一。

引起超长隔震结构非载荷变形的两个主要原因：一是施工阶段的混凝土浇筑过程发生的收缩变形；二是温度变化引起混凝土收缩变形。

施工阶段隔震层处于露天环境中，温差较大，加之混凝土收缩变形主要发生在浇筑完成后的前期（在浇筑完成的前三至四个月内，完成混凝土收缩变形总量的约 70%），所以隔震支座的非载荷变形主要发生在结构建造过程中。温差引起的隔震支座变形随环境温度而变化，但混凝土收缩引起的变形具有不可恢复性。所以，对处在季节温差较大的地区的隔震结构，在施工过程中宜建立变形监测系统，及时了解变形状况，并采取相应处置措施，在主体封闭竣工前，橡胶支座留有调整复位的合理工序和措施。

有研究表明，对实际超长隔震结构温度和收缩变形进行的有限元模拟及现场监测，发现隔震支座的变形初期变化较快，后期缓慢，并且随着建造过程中的温度改变，变形有所恢复，但是收缩引起的变形是不可恢复的，最大收缩变形可达总变形量的 30%。此外温度变化是另一非载荷变形的主要原因，结构承受温度作用时可有多种工况，但实际结构设计和建造时很难各种工况全部都考虑，具体设计时只需要考虑引起最大内力的工况来计算结构的反应，即最不利温差下的变形。通过模拟和监测得出以下结论：超长隔震结构纵向端部的隔震支座沿斜长方向的非载荷水平位移较大，横向水平位移较小。在最不利温差和收缩共同作用下，纵向端部隔震支座最大位移达到罕遇地震作用下水平位移限值的 17%，表明超长隔震结构的支座非载荷变形不可忽视[85-1]。

超长复杂隔震结构一般需要合理设置伸缩缝、后浇带等方式来协调温度及混凝土收缩应力引起的变形。设置伸缩缝时，应同时考虑在罕遇地震作用下水平位移。设置后浇带时，后浇带中纵向钢筋应采用搭接做法，不应采用纵筋连通的做法。由于我国现行的有关规范、规程（如《混凝土结构工程施工质量验收规范》GB 50204—2015）中指出后浇带设置方案由施工技术人员确定，而实际工程中施工技术人员很少核算设置后浇带结构的受力变形情况。同时由于隔震结构具有隔震层水平刚度小，缺乏抗弯约束能力等特殊受力特性，若位置设置不当，会导致隔震结构施工过程中梁板产生变形甚至混凝土开裂，从而使隔震支座在尚未投入使用就产生较大变形，设计时预设的隔震功效降低，导致影响结构安全。所以不同后浇带设置方式对隔震结构受力变形的影响需要引起重视。

此外，对于长度超过300m的超长隔震结构，在进行抗震计算时宜考虑地震波的行波效应。当超长隔震结构的平面或形体不规则时，还宜通过不同角度输入地震波考虑行波效应对结构的最不利影响。超长隔震结构设计时尚应计入平扭耦联的影响。

● 《建筑隔震设计标准》GB/T 51408—2021

5.6.1 隔震建筑上部结构设置的伸缩缝，其间距可比现行国家标准《混凝土结构设计规范》GB 50010 的相关规定适当延长，但必须经过详细计算确定；缝宽应符合国家现行相关标准的规定，且不应小于罕遇地震或极罕遇地震作用下缝两侧结构最大相对位移的1.2倍。

条文说明：

当结构考虑温度变化的作用时，由于隔震层比抗震结构具有更好的变形协调能力，使隔震层顶板的温度应力相比抗震结构更容易得到释放；伸缩缝一定程度上会影响隔震层建筑上部结构的整体性，因此，在罕遇地震作用下应使结构在伸缩缝处不致发生不利碰撞。对特殊设防类建筑，尚应考虑在极罕遇地震作用下结构在伸缩缝处不致发生不利碰撞。

5.6.2 当伸缩缝贯穿隔震层顶板及上部结构各层楼板，使上部结构分为多个独立的隔震结构时，伸缩缝应按相邻隔震结构的隔离缝考虑。

7.1.3 ……

1 大跨屋盖建筑在环境温度变化作用下不应使隔震装置发生过大变形。

条文说明：

大跨屋盖建筑由于长度较大，在温度效应作用下可能会有较大的变形。设计中应对此进行专门的分析，控制隔震装置的变形。例如对于隔震橡胶支座，其温度变形量宜控制在支座直径的5%以内，并应在施工中采取有效措施消除混凝土干缩引起的变形。

参考文献：

[85-1] 李慧，谢文清，杜永峰，等. 某超长隔震结构在温度及收缩作用下的变形研究 [J]. 工程抗震与加固改造，2013（1）：40-44.

86

隔震层不在同一标高时需要注意什么？

答： 隔震层不在同一标高时，应采用有效措施确保隔震装置共同工作，罕遇地震作用下，相邻隔震层的层间位移角不应大于 1/1000。

隔震建筑从结构体系的稳定性来说，隔震层应具备足够的水平刚度和竖向刚度。当隔震层错层不在同一标高时，水平力作用下，上、下部结构发生剪切变形，可能造成上、下层的隔震垫之间产生相对位移，无法满足隔震层刚性假定的要求，从而影响隔震效果，因此需要相邻隔震层达到一定的刚度要求，保障隔震装置共同工作。

因建筑为了满足使用空间等方面的要求，使得当隔震结构标高较为复杂，甚至跨越一层，隔震层不可避免出现不在同一标高的现象。当错层高度较小时，可采取梁加腋方式，当错层高度较大时，可适当设置垂直方向剪力墙，都是为了保证相邻隔震层具有较大的刚度，水平地震作用在错层楼板处的有效传递，确保位于不同标高的隔震垫共同工作。

此外，隔震层不在同一标高，遭遇地震作用时，隔震层的上部结构作为一个结构单体整体运动，还应充分考虑隔震层水平缝的连通构造措施，以保证所有不同标高处隔震支座遭遇地震作用时，能够正常发挥其各项性能共同工作。同时应注意错层标高处低位隔震支座应有足够的水平位移空间，以保证其耗能变形时能够无阻碍地进行，此空间应不得小于隔震支座在罕遇地震下水平位移限值。

隔震层错层实例如图 86-1 所示；带有地下室的错层隔震构造如图 86-2 所示；错层高差较大时构造措施示意如图 86-3、图 86-4 所示。

图 86-1　隔震层错层

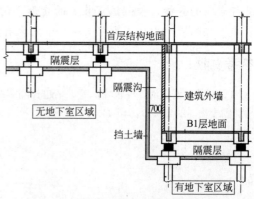

图 86-2　有地下室错层隔震构造示意图

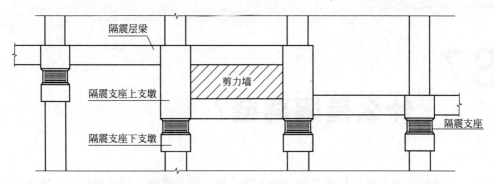

图 86-3 高差较大时设置剪力墙示意图

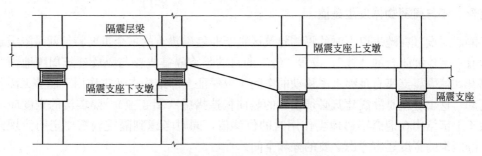

图 86-4 高差较大时梁加腋示意图

● **《建筑隔震设计标准》GB/T 51408—2021**

4.6.2 ······

　　2 隔震支座底面宜布置在相同标高位置上;当隔震层的隔震装置处于不同标高时,应采用有效措施保证隔震装置共同工作,且罕遇地震作用下,相邻隔震层的层间位移角不应大于 1/1000。

87

什么是隔离缝？

答：上部结构与周围固定物之间、与上部结构、室外地面之间设置的完全贯通的变形缝，包括水平隔离缝和竖向隔离缝，隔离缝宽度须保证上部结构在罕遇地震作用下能够自由变形，不与周围物体发生碰撞。

隔震层设置在地表以下时的隔震建筑区别于非隔震建筑的一个重要特征就是隔震建筑周边有一道连续闭合的"缝"，设置"缝"的目的是将隔震支座与隔震建筑周围地面之间隔离开，使隔震支座有足够水平移动的空间，以保证上部结构在地震作用下能够无障碍水平运动，这个缝就是隔震建筑必须设置的竖向构造措施（图87-1）。隔震沟的宽度应能满足大于上部结构在遭遇罕遇地震作用时的位移值，同时考虑到隔震沟需要定期清理或检修，隔震沟的宽度还应考虑必要的操作空间。

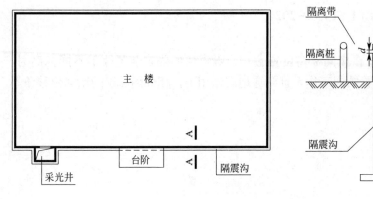
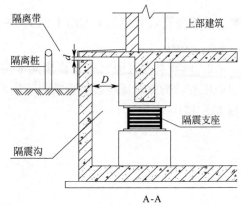

图 87-1 隔震沟布置示意图
d—水平隔离缝；D—竖向隔离缝

隔震沟外侧通常设置有隔离带，隔离带沿隔震沟周圈设置，宽度取隔震沟宽度。隔离带外侧宜设置隔离桩，隔离桩可采用钢管制作，高度与隔震沟盖板平齐，目的是保护隔震沟不会因外界树木、车辆等不确定因素影响，而导致隔震沟内被填充障碍物。

上部结构与下部结构、室外地面之间以及穿越隔震层的楼电梯间、门廊等部位，同样需要设置不阻碍上部结构水平变形的隔离缝，称为水平隔离缝。水平隔离缝的高度须考虑隔震支座长期受压产生的竖向变形，同时还须考虑隔震支座水平变形引起的竖向变形、徐变、温度变化等影响因素。

● 《建筑与市政工程抗震通用规范》GB 55002—2021

2.4.4 相邻建（构）筑物之间或同一建筑物不同结构单体之间的伸缩缝、沉降缝、防震缝等结构缝应采取有效措施，避免地震下碰撞或挤压产生破坏。（强条）

● 《建筑抗震设计规范》GB 50011—2010（2016 年版）

12.2.7 隔震结构的隔震措施，应符合下列规定：

1 隔震结构应采取不阻碍隔震层在罕遇地震下发生大变形的下列措施：

1）上部结构的周边应设置竖向隔离缝，缝宽不宜小于各隔震支座在罕遇地震下的最大水平位移值的 1.2 倍且不小于 200mm。对两相邻隔震结构，其缝宽取最大水平位移值之和，且不小于 400mm。

2）上部结构与下部结构之间，应设置完全贯通的水平隔离缝，缝高可取 20mm，并用柔性材料填充；当设置水平隔离缝确有困难时，应设置可靠的水平滑移垫层。

3）穿越隔震层的门廊、楼梯、电梯、车道等部位，应防止可能的碰撞。

● 《建筑隔震设计标准》GB/T 51408—2021

5.4.1 上部结构与周围固定物之间应设置完全贯通的竖向隔离缝以避免罕遇地震作用下可能的阻挡和碰撞，隔离缝宽度不应小于隔震支座在罕遇地震作用下最大水平位移的 1.2 倍，且不应小于 300mm。对相邻隔震结构之间的隔离缝，缝宽取最大水平位移值之和，且不应小于 600mm。对特殊设防类建筑，隔离缝宽度尚不应小于隔震支座在极罕遇地震下最大水平位移。

条文说明：

本条文目的为确保地震时，竖向隔震缝不会阻碍隔震建筑上部结构的相对自由水平运动，设置一定宽度的隔震缝，对于隔震作用发挥至关重要。当缝宽受限时，可在隔震建筑之间设置阻尼器以减少位移，防止隔震建筑之间发生碰撞。施工过程中，常常发生隔震缝宽度预留不足或空间被填充封死。因此施工过程中必须保证隔震沟宽度和空间清空，并进行重点检查。

5.4.2 上部结构与下部结构或室外地面之间应设置完全贯通的水平隔离缝，水平隔离缝高度不宜小于 20mm，并应采用柔性材料填塞，进行密封处理。

条文说明：

隔震层水平隔离缝的缝高，除考虑竖向荷载导致的隔震支座竖向变形外，尚应考虑隔震支座水平变形时的竖向变形、徐变、温度变化等影响因素。当设置隔离缝确有困难时，应设置可靠的水平滑移垫层。隔离缝应设置措施防水、防潮、防止异物进入。

88

隔震建筑的隔离缝构造要求有哪些？

答：隔震建筑设缝，需保证各单元可以相互运动，发挥隔震作用，同时需完成建筑功能跨越隔离缝，最为重要的是，应避免发生地震时相撞。

首先，隔震建筑应尽量避免设缝，因为隔离缝宽度有严格要求，尤其对相邻隔震结构之间的隔离缝，缝宽取罕遇地震最大水平位移值之和，且不应小于 600mm。对于特殊设防类工程，缝宽要求满足极罕遇地震下的水平位移要求，从结构安全角度考虑往往需要留有变形余量，实际工程中隔离缝宽甚至可达 1m。这对于建筑构造而言，在不阻碍两单体自由运动的同时，还需保证建筑正常的使用功能，无疑是个难点。且不可避免地影响到建筑外立面效果、后期运维、绿色节能等诸多方面，因此，隔震建筑在条件允许的情况下应尽可能不设缝。

当隔震建筑不可避免必须设缝时，大致存在以下需要解决的问题：屋面、楼面、内隔墙和外围护墙（幕墙）在缝两侧的处理，既要满足建筑功能的延续和外立面的完整，同时还需结构单元之间的无阻碍的相互水平运动，包括垂直和平行于隔离缝两个方向。

上述隔离缝的缝宽，《建筑隔震设计标准》GB/T 51408—2021 提出了比《建筑抗震设计规范》GB 50011—2010（2016 年版）更严的要求，前者要求隔离缝宽度不应小于隔震支座在罕遇地震作用下最大水平位移的 1.2 倍，且不应小于 300mm，原《建筑抗震设计规范》GB 50011 的要求是 200mm；对相邻隔震结构之间的隔离缝，缝宽取最大水平位移之和，《建筑隔震设计标准》GB/T 51408—2021 要求缝宽不应小于 600mm，《建筑抗震设计规范》GB 50011—2010（2016 年版）的要求是 400mm；《建筑隔震设计标准》GB/T 51408—2021 还要求对特殊设防类建筑，隔离缝宽度尚不应小于隔震支座在极罕遇地震下最大水平位移。

图 88-1 是选自《变形缝建筑构造图集》14J936 的变形缝做法，如果隔震建筑的楼面隔离缝选用此种做法，注意解决实际应用存在的以下问题：选用的缝宽是按最大伸缩量确定的，而不是建筑净距（图中的 W 值），如果是用于隔震建筑与非隔震建筑之间的隔离缝，缝宽按现标准要求，应不小于 300mm，即要求 ±300mm 的位移伸缩量能力，是超该构造大样的最大适用范围 ±250mm。该图集同时还有屋盖、内墙面、外墙面和顶棚的变形缝大样，都有类似问题，该类构造尚有相应产品标准《建筑变形缝装置》JG/T 372—2012 配套，都表明此类变形的构造最大变形适用范围 ±250mm。选用前，需与相应生产厂商落实修改和调整产品适用范围的可能性。

图 88-3、图 88-4 是某项目缝宽 700mm 的隔离缝大样，具备既不阻碍相互运动，同时又满足建筑功能延续的要求，图 88-1、图 88-2 为隔离缝图集做法，供实际项目参考。

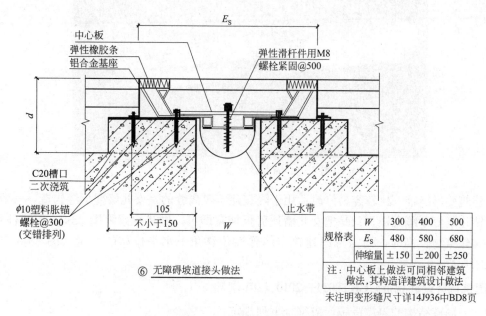

规格表	W	300	400	500
	E_s	480	580	680
	伸缩量	±150	±200	±250

注：中心板上做法可同相邻建筑做法，其构造详建筑设计做法
未注明变形缝尺寸详14J936中BD8页

图 88-1　隔离缝图集做法示意图

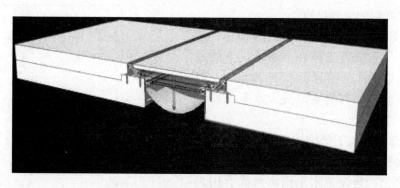

图 88-2　隔离缝图集做法三维示意图

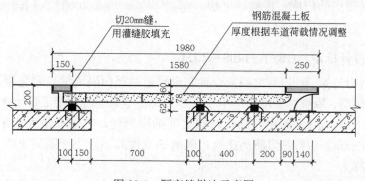

图 88-3　隔离缝做法示意图

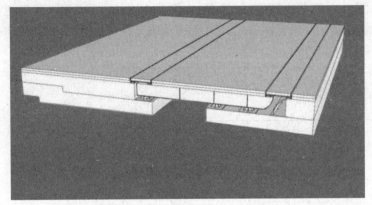

图 88-4　隔离缝做法三维示意图

　　建筑变形缝唯一比较容易修改适用于隔震建筑隔离缝的是女儿墙变形缝构造，一般可以照抄建筑变形缝大样，只是把女儿墙顶盖板加宽即可，做法示意见图 88-5。但需注意，当隔震建筑物较高时，尚需考虑建筑主体弹性位移角下水平位移的增量（图 88-6 中的 $d = d_1 + d_2 + c_1 + c_2$）：

● **《建筑抗震设计规范》GB 50011—2010（2016）**

12.2.7　隔震结构的隔震措施，应符合下列规定：

　　1 隔震结构应采取不阻碍隔震层中罕遇地震下发生大变形的下列措施：

　　1）上部结构的周边应设置竖向隔离缝，缝宽不宜小于各隔震支座在罕遇地震下的最大水平位移值的 1.2 倍且不小于 200mm。对两相邻隔震结构，其缝宽取最大水平位移值之和，且不小于 400mm。

　　2）上部结构与下部结构之间，应设置完全贯通的水平隔离缝，缝高可取 20mm，并用柔性材料填充；当设置水平隔离缝确有困难时，应设置可靠的水平滑移垫层。

　　3）穿越隔震层的门廊、楼梯、电梯、车道等部位，应防止可能的碰撞。

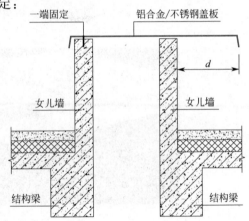

图 88-5　屋顶隔震缝处女儿墙盖板
d—最大水平位移

● **《建筑隔震设计标准》GB/T 51408—2021**

5.4.1　上部结构与周围固定物之间应设置完全贯通的竖向隔离缝以避免罕遇地震作用下可能的阻挡和碰撞，隔离缝宽度不应小于隔震支座在罕遇地震作用下最大水平位移的 1.2 倍，且不应小于 300mm。对相邻隔震结构之间的隔离缝，缝宽取最大水平位移值之和，且不应小于 600mm。对特殊设防类建筑，隔离缝宽度尚不应小于隔震支座在极罕遇地震下最大水平位移。

5.6.1　……缝宽应符合国家现行相关标准的规定，且不应小于罕遇地震或极罕遇地震作用下缝两侧结构最大相对位移的 1.2 倍。

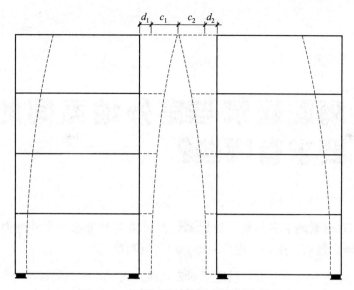

图 88-6　相邻隔震结构隔离缝宽示意图

d_1（d_2）—相邻两结构隔震层最大变形；c_1（c_2）—相邻两结构上部层间变形累积的最大水平变形

条文说明：

　　……伸缩缝一定程度上会影响隔震建筑上部结构的整体性，因此，在罕遇地震作用下应使结构在伸缩缝处不致发生不利碰撞。对特殊设防类建筑，尚应考虑在极罕遇地震作用下结构在伸缩缝处不致发生不利碰撞。

5.6.2　当伸缩缝贯穿隔震层顶板及上部结构各层楼板，使上部结构分为多个独立的隔震结构时，伸缩缝应按相邻隔震结构的隔离缝考虑。

☆　对于外围护墙隔离缝处，一般参照金属幕墙在建筑变形缝处的风琴百叶的做法处理。

89

隔震建筑与室外地面间的构造要求有哪些？

答：当采用基础或地下室隔震，设置隔震沟时需同时考虑与室外地面间的连接构造（如室外楼梯踏步、散水、采光、进户入口）的建筑功能实现。

当采用基础隔震（无地下室）或地下室顶隔震方式时，存在隔震沟与室外地面的建筑功能实现和连续问题，相关节点如室外楼梯、踏步、散水、采光井、地下车库车道入口等，会影响隔离缝的设置。虽然各标准对上部结构及隔震层之间要设置隔离缝有明确要求，同时使用功能要求建筑室内外应保持建筑功能实现和连续，这就需要采取必要的构造措施以保证这些连接节点在满足建筑使用功能的前提下，还能保证不影响隔震建筑的隔震效果。

列举部分常见的与隔震沟相关的室外地面构造做法，以方便读者理解，见图89-1～图89-4。

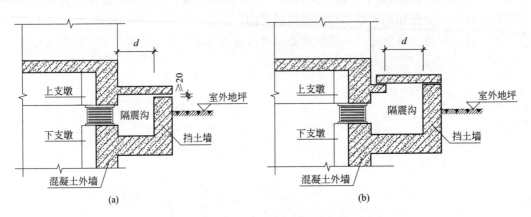

图 89-1　隔震沟与下部结构相连时构造
(a) 盖板悬挑设置；(b) 盖板单独设置
d—竖向隔离缝宽度

● 《建筑隔震设计标准》 **GB/T 51408—2021**

5.4.1　上部结构与周围固定物之间应设置完全贯通的竖向隔离缝以避免罕遇地震作用下可能的阻挡和碰撞，隔离缝宽度不应小于隔震支座在罕遇地震作用下最大水平位移的1.2倍，且不应小于300mm。对相邻隔震结构之间的隔离缝，缝宽取最大水平位移值之和，

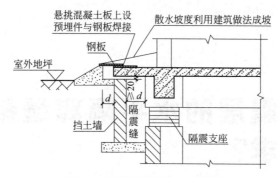

图 89-2　隔震沟遇散水时构造

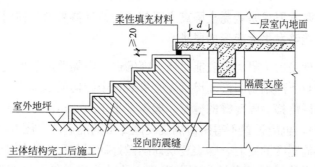

图 89-3　隔震沟遇室外楼梯踏步时构造

图 89-4　室外踏步水平隔离缝实景

且不应小于 600mm。对特殊设防类建筑，隔离缝宽度尚不应小于隔震支座在极罕遇地震下最大水平位移。

90

隔震层的水平隔离缝都有哪些要求？

答：隔震缝的基本要求是能完全隔离上下部结构并保持贯通，同时满足不阻碍隔震层在罕遇地震作用下能够发生大变形的要求。

隔震层的作用就是为了隔离地震能量向上部输送，由隔整层的形变来消耗部分地震能量，所以上部结构与下部结构间必须设置完全贯通整个结构的水平隔离缝，以保证隔震层在水平向能够无障碍位移，隔离缝的缝宽一般不宜小于20mm。与隔震支座相邻的非结构构件（如外填充墙），也应设置不得阻碍隔震支座变形的隔震缝（图90-1）。

在设计了隔震缝宽度的同时，隔震建筑尚须做好标识及检查维修工作，以防日常使用过程中出现导致隔震缝受阻不贯通的现象发生。此外，当水平隔离缝跨越不同防火分区时，其封堵材料须满足防火要求较高侧耐火极限的要求。

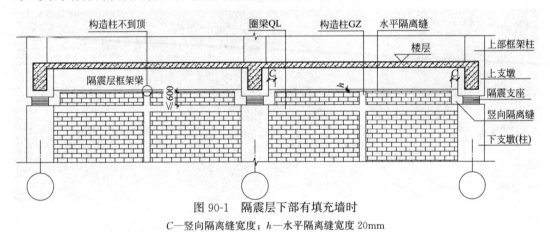

图 90-1　隔震层下部有填充墙时

C—竖向隔离缝宽度；h—水平隔离缝宽度20mm

● 《建筑隔震设计标准》GB/T 51408—2021

5.4.2　上部结构与下部结构或室外地面之间应设置完全贯通的水平隔离缝，水平隔离缝高度不宜小于20mm，并应采用柔性材料填塞，进行密封处理。

条文说明：

隔震层水平隔离缝的缝高，除考虑竖向荷载导致的隔震支座竖向变形外，尚应考虑隔震支座水平变形时的竖向变形、徐变、温度变化等影响因素。当设置隔离缝确有困难时，应设置可靠的水平滑移垫层。隔离缝应设置措施防水、防潮、防止异物进入。

5.4.4　一般情况下，隔离缝顶部、悬吊式电梯井出入口与下部结构之间，应设置滑动盖板,滑动盖板应满足罕遇地震作用下的滑动要求。

● 《建筑抗震设计规范》GB 50011—2010（2016 年版)

12.2.7 ……

1 隔震结构应采取不阻碍隔震层在罕遇地震下发生大变形的下列措施:

2）上部结构与下部结构之间,应设置完全贯通的水平隔离缝,缝高可取 20mm,并用柔性材料填充;当设置水平隔离缝确有困难时,应设置可靠的水平滑移垫层。

91

穿越水平隔震缝的楼梯间如何处理？

答： 一般楼梯须设置水平隔离缝将楼梯形成上下两部分。

楼梯间属于竖向布置构件，当隔震建筑为地下室顶部隔震，或为层间隔震时，就存在楼梯间穿越隔震层的情况，根据隔震结构的机理，必须保证隔震支座在遭受地震作用时能够无障碍发生变形，这就要求隔震层的梯段设缝断开，实现隔震结构的水平隔离缝完全贯通。常见做法如图 91-1、图 91-2 所示。

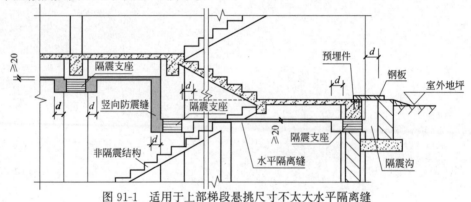

图 91-1　适用于上部梯段悬挑尺寸不太大水平隔离缝

d—竖向隔离缝宽度

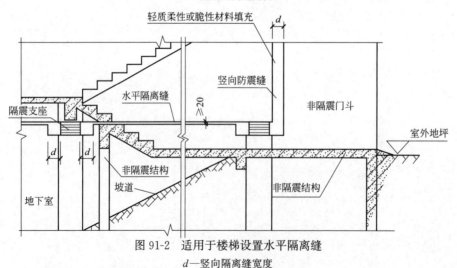

图 91-2　适用于楼梯设置水平隔离缝

d—竖向隔离缝宽度

　　图 91-1 做法适用于上部梯段悬挑尺寸不太大的情况，调整隔震层梯段布置，将梯段下端滑动支座标高调整至下支墩顶标高，保证梯段的完整，此时滑动支座标高和水平隔离缝标高不同，但仍然能够保证不阻碍隔震层的变形。

　　当受建筑尺寸限制，无法按图 91-1 方式调整梯段布置时，可按图 91-2 做法，将梯段在隔震层顶梁底标高处断开，水平隔震缝错标高连通。这是为了使悬挑部分梯段尺寸尽量小，尽可能保证楼梯使用的安全度。

　　穿越隔震层的楼梯结构满足水平隔离缝贯通的同时，楼梯扶手及栏杆也应断开。

☆　楼梯间穿越水平隔震缝时，还可采用局部悬挂钢楼梯的方式解决。

92 隔震建筑的电梯间如何构造？

答：必须保证电梯井道通过隔震层时，其构造不阻碍隔震层的水平隔震变形，并能保证隔震层发生水平位移时电梯能够正常使用。

与楼梯间相同，电梯间也属于竖向布置构件，也必须保证隔震支座在遭受地震作用时能够无障碍发生变形，但与楼梯有所不同的是，楼梯梯段可设水平缝断开，电梯井道因其工作原理，竖向轨道必须连续，不能简单地设缝解决，这就要求电梯井道在通过隔震层时采取必要措施，确保电梯既能正常使用又能够满足隔震层变形的要求。

电梯井道通过隔震层时的构造做法大致分为悬挂式（图 92-1a）和支撑式（图 92-2b）两种。图中，d 为竖向隔离缝宽度。当电梯需要下地下室时，电梯井道要穿过整个隔震层，即隔震层顶板标高以下电梯井道竖向尺寸较大，为地下室层高＋基坑深度，基坑侧壁周边同样需要设置隔离坑。

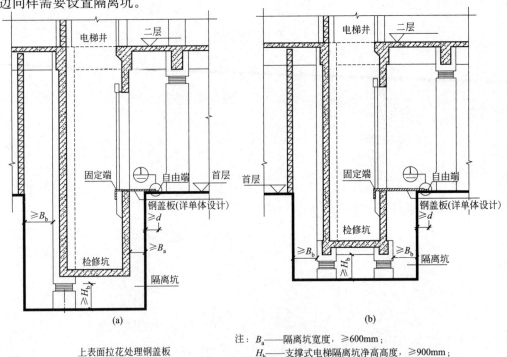

注：B_a——隔离坑宽度，≥600mm；
H_b——支撑式电梯隔离坑净高高度，≥900mm；
B_b——支撑式电梯隔离坑宽度，≥1200mm。

图 92-1　电梯井道通过隔震层时构造做法
（a）悬挂式；（b）支撑式

配图摘自《建筑结构隔震构造详图》03SG610-1，为方便读者理解，选取常规框架结构隔震建筑电梯井道通过隔震层时的构造做法，具体工程的细部做法尚须结合工程的具体情况进行设计。

当电梯不下地下室时，悬挂式做法：电梯基坑从隔震层顶板梁构件上生根下挂，基坑底悬空无支撑，同时井道侧壁周边设置隔离坑，预留足够空间，确保地震作用下，上下部结构发生相对位移时，不与周边构件碰撞。悬挂式又分为有地下室和无地下室两种情况，如图92-2所示。

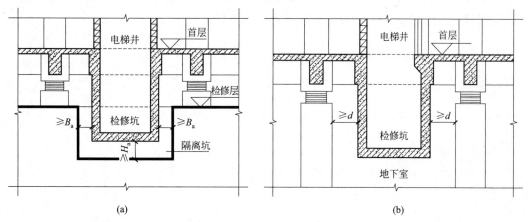

注：H_a——隔离坑净高高度，≥600mm；

B_a——隔离坑宽度，≥600mm

图92-2　悬挂式做法

（a）适用于无地下室；（b）适用于有地下室，电梯不下地下室

支撑式做法：电梯基坑仍然与隔震层顶板梁连接，但电梯基坑底部设置下支墩及隔震垫，基坑周边设置隔离坑，确保地震作用下，上下部结构发生相对位移时，不与周边构件碰撞。支撑式也分为有地下室和无地下室两种情况，如图92-3所示。

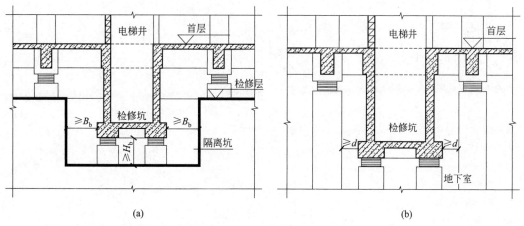

注：H_b——支撑式电梯隔离坑净高高度，≥900mm；

B_b——支撑式电梯隔离坑宽度，≥1200mm

图92-3　支撑式做法

（a）适用于无地下室；（b）适用于有地下室，电梯不下地下室

● 《**建筑隔震设计标准**》**GB/T 51408—2021**

5.4.3　采用悬吊式方案穿越隔震层的电梯井时，在电梯井底部可设置隔震支座，亦可直接悬空，电梯井与下部结构之间的隔离缝宽度不应小于所在结构与周围固定物的隔离缝宽度。

5.4.4　一般情况下，隔离缝顶部、悬吊式电梯井出入口与下部结构之间，应设置滑动盖板，滑动盖板应满足罕遇地震作用下的滑动要求。

☆　采用支撑式，在梯井下设置橡胶隔震支座时需注意：可能出现最大位移由此支座控制的情况（$\mu_{\max} \leqslant 0.55D$），可通过改设滑板支座解决。

93

穿越隔震层的各类管线有什么要求？

答：隔震建筑穿越隔震层的各种管线需采用柔性连接，应根据管线不同的使用功能及其重要性区别对待，使管线具备在地震下能够维持建筑正常使用的功能的要求。

隔震建筑无论将隔震层选择设置在哪个部位，设备、机电、燃气等管线都不可避免要穿越隔震层。对于最常采用的地下室顶隔震，给水排水进出户管、向上供水立管、下行上给的横干管、汇合排水管等，可能共同布置在隔震层内。《建筑机电工程抗震设计规范》GB 50981—2014 第 1.0.3 条规定："当遭受低于本地区抗震设防烈度的多遇地震时，机电工程设施一般不受损或不需修理可继续运行；当遭遇相当于本地区抗震设防烈度的设防地震影响时，机电工程设施可能损坏经一般修理或不修理仍可继续运行；当遭受高于本地区抗震设防烈度的罕遇地震影响时，机电工程设施不至于严重损坏，危及生命"。隔震层在罕遇地震作用时会发生较大的水平位移，要求穿越隔震层的竖向管线的连接形式在保证系统使用功能的同时，不阻碍隔震层水平变形。隔震层内的管线应进行隔震设计，即：采用柔性接头或柔性连接段等可靠性更高的处理措施，使得上下部建筑的管线能够在发生水平位移时发挥自身"隔震"作用，从而保障隔震建筑的正常运转。

隔震层的机电管线应具有补偿位移大、水平运动方向不确定的特点，为此通常采用一定长度的柔性连接的设备配管、配线的做法，可承受发生在任一水平方向的位移。

对于相对不重要的一般管线，如重力流的无压空调排水管、雨水管等，其预留水平变形量满足隔离缝宽度要求即可，实际工程中可采用如图93-1所示方式将立管断开。

对于常规的有压管线，如给水管、消防管、喷淋管、采暖管线等，其预留水平变形量宜较隔离缝宽度适当考虑余量，可取 1.2 倍隔离缝宽度。

对于重要管线，如燃气管线、有害介质管线，当柔性连接措施不到位，地震发生破坏时，会造成介质泄漏，引发火灾、爆炸等严重的次生灾害，

图 93-1　穿越隔震层的空调排水管、雨水管

后果严重。其柔性连接的预留变形量不应小于隔离缝宽度的 1.4 倍。

柔性管线按材料类型可分为三类：金属软管（代号 S）、橡胶软管（代号 R）和 PVC 伸缩管（代号 P）。根据管线不同用途，所采用的柔性管道见表 93-1。

柔性管道适用范围表 表 93-1

连接类型	水平悬吊体系	水平滑车体系	竖向弯曲体系	PVC 伸缩体系	水平直管体系	竖向直管体系
管道类型	金属软管	金属软管	金属软管	PVC 伸缩管	橡胶软管	橡胶软管
特性	吊杆具备与隔震层变形相适应的变形能力，安装便捷	滑车具备与隔震层变形相适应的变形能力，适用于大直径多排管道	竖向软管具备与隔震层变形相适应的变形能力；适用于小管径管道	密封球头可旋转，管体可轴向自由伸缩	软管轴向可伸长、压缩；伸长率＞40％	软管轴向可伸长，伸长率＞20％；适用于大管径有压管
用途 给水	●	●	●			
中水	●	●	●			
燃气	●	●	●			
蒸汽	●	●				
医疗气体	●	●				●
雨水	●	●		●	●	●
排水	●	●		●	●	●
消防	●	●	●			●

关于柔性管线的安装、连接构造尚有较大的研究空间，根据柔性管线材料特性的不同，其研究重点也有所不同。三种材料需要考虑的相同点在于其发生横向位移时的变形情况，均须进行双向变形试验，以保证材料的损伤性能能够满足设计要求。有压供水立管、排水立管，可采用金属软管、橡胶软管；柔性管道靠近墙或柱敷设安装时，刚性管段不得超过上支墩底标高，不可避免时，设计时应计算管道与墙柱净距大于罕遇地震最大水平位移[93-1]，如图 93-2 所示。d 为管线的水平位移量。

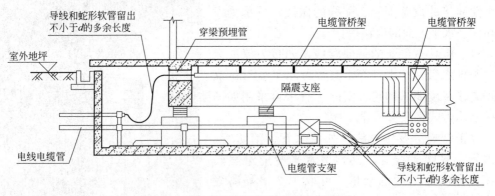

图 93-2 竖向穿越隔震层管道做法示意图

柔性管道除了须满足以上必要的变形能力外，尚须具有一定的特性需求：承压能力、耐久性、耐高温、密封性、耐腐蚀、多次往复等。柔性管线的选择应根据其变形需求、管道材质、安装空间及支架能力等因素做综合考虑。各软管的材料要求、试验方法、质量要求、连接构造及安装示意等均详《建筑隔震柔性管道》JG/T 541—2017，此处不再累述。

图 93-3、图 93-4 是机电管线通过隔震层时的常规做法。

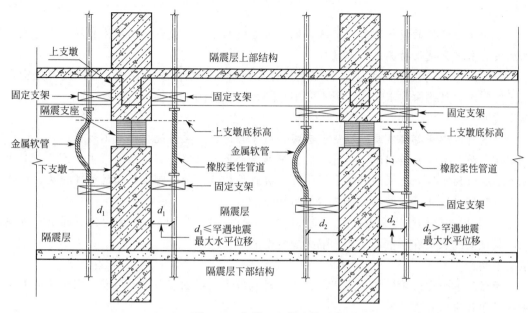

图 93-3　电缆、电线连接示意

图 93-4　电缆、电线竖向连接示意

此外，关于柔性管线的布置需要强调的是固定管道上下的吊架、台架（非抗震构件）的构造措施，应保证当柔性管道在罕遇地震下发生位移时能够完好无损。

● **《建筑抗震设计规范》GB 50011—2010（2016 年版）**

12.1.3　……

　　4　……穿过隔震层的设备配管、配线，应采用柔性连接或其他有效措施以适应隔震层的罕遇地震水平位移。

● **《建筑隔震设计标准》GB/T 51408—2021**

5.5.2 穿越隔震层的一般管线在隔震层处应采用柔性措施，其预留的水平变形量不应小于隔离缝宽度。

条文说明：

采用柔性连接的设备配管、配线，地震时管道的柔性连接部位不发生破坏，避免发生次生灾害和丧失使用功能。

5.5.3 穿越隔震层的重要管道、可能泄漏有害介质或可燃介质的管道，在隔震层处应采用柔性措施，其预留的水平变形量不应小于隔离缝宽度的1.4倍。

条文说明：

隔震建筑中穿越隔震层的燃气、有害介质等管道，当柔性连接措施不到位，地震时发生破坏，将会造成介质泄漏，引发火灾、爆炸等严重的次生灾害，后果严重。因此，对于该类型管道的柔性处理措施必须采用柔性接头或柔性连接段等可靠性高的处理措施，保证地震时隔震建筑的管道能够发挥正常使用功能。

5.5.4 利用构件钢筋作避雷针时，应采用柔性导线连接隔震层上部结构和下部结构的钢筋，其预留的水平变形量不应小于隔离缝宽度的1.4倍。

条文说明：

预留了水平变形量的柔性导线，在地震时能够不阻碍隔震层水平运动，同时不会发生破坏而导致次生灾害的发生。

● **《建筑机电工程抗震设计规范》GB 50981—2014**

3.1.8 穿过隔震层的建筑机电工程管道应采用柔性连接或其他方式。

● **《建筑隔震柔性管道》JG/T 541—2017**

3.1 建筑隔震柔性管道 flexible connection for seismic isolation buildings
设备管道穿过隔震层时设置的能满足隔震相应水平位移要求的柔性管材。

3.3 最大允许位移 maximal perm issible displacement
柔性管道两端所能发生的最大相对水平位移。

● **《建筑隔震工程施工及验收规范》JGJ 360—2015**

5.4.1 对穿过隔震层的设备配管、配线，应采用柔性连接或其他有效措施。

5.4.2 对可能泄漏有害介质或可燃介质的重要管道，在穿越隔震层位置时应采用柔性连接。

5.4.3 穿过隔震层的柔性管线，应在隔震缝处预留足够的伸展长度。

5.4.4 利用构件钢筋作避雷线时，应采用柔性导线连通隔震层上下部分的钢筋。

6.1.3 建筑隔震工程上部结构验收和竣工验收时，均应对隔震缝和柔性连接进行验收检查。

● **《叠层橡胶支座隔震技术规程》CECS 126：2001**

4.3.8 ……
　4 穿过隔震层的竖向管线应符合下列要求：

  1）直径较小的柔性管线在隔震层处应预留伸展长度，其值不应小于隔震层在罕遇地震作用下最大水平位移的 1.2 倍；

  2）直径较大的管道在隔震层处宜采用柔性材料或柔性接头；

  3）重要管道、可能泄漏有害介质或燃介质的管道，在隔震层处应采用柔性接头。

☆ 中国地震局工程力学研究所中国地震局地震工程与工程振动重点实验室对具有不同密封构造（橡胶型、金属型和石棉型）和连接结构（抓斗式和卡套式）的柔性管线进行了循环加载试验，所有试件均预先充水加压至 1.0MPa 或 2.5MPa，以密封泄漏、力学指标下降作为判断构件失效的依据。试验表明橡胶密封圈和金属密封圈能够有效地防止柔性管线的泄漏，而采用石棉密封圈的试件泄漏位移远小于另外两种密封圈。抓斗式结构用于柔性管线的连接是可行的，而卡套结构不能提供同等水平的抗震性能。

参考资料：

[93-1] 李安达，孙颖慧，叶烈伟，徐立波，师前进，何晓微．中国建筑标准设计研究院有限公司．建筑给排水隔震柔性管道设计方法［J］．中国给水排水，2021（8）：59-64.

94

隔震支座需要日常检查维护吗？相应维护有什么要求？

答：需要！隔震支座应有维护管理计划，需进行常规检查、定期检查、应急检查。

隔震支座作为隔震建筑的一个可拆卸替换的部件，伴随着建筑物的整个寿命周期，始终处于工作状态。基于隔震层的构造要求，结构主体和周边环境存在很多"缝"，有"缝"就有杂物进入的可能。为保证隔震装置在地震来临时能够正常发挥作用，必须制定检查计划，定期维护检查。

隔震结构的维护检查分为常规检查、定期检查和应急检查。

常规检查每年进行一次，主要通过目测发现日常使用过程中，使用者对隔震构造的不正规操作，如在隔震层堆放杂物，隔震沟、隔离缝被阻塞等现象。

定期检查包括每年进行的常规检查和特定周期的检查。特定周期为竣工后的 3 年、5 年、10 年，10 年以后每 10 年一次。

当发生可能对隔震层相关构件及装置造成损伤的地震、火灾或其他自然灾害时，应做到及时进行应急检查。

每年的常规检查方式可采用目测。特定周期的检查，除支座的水平变形和竖向压缩变形使用仪器测量外，其他项均可采用目测。

要使隔震支座正常发挥作用，其检查维修主要需做到：保证隔震支座及其连接的有效性；保证隔震装置可正常变形；保证穿越隔震层管线在地震作用下的使用安全性。

● 《建设工程抗震管理条例》国务院令第 744 号

第二十三条 建设工程所有权人应当按照规定对建设工程抗震构件、隔震沟、隔震缝、隔震减震装置及隔震标识进行检查、修缮和维护，及时排除安全隐患。

任何单位和个人不得擅自变动、损坏或者拆除建设工程抗震构件、隔震沟、隔震缝、隔震减震装置及隔震标识。

任何单位和个人发现擅自变动、损坏或者拆除建设工程抗震构件、隔震沟、隔震缝、隔震减震装置及隔震标识的行为，有权予以制止，并向住房和城乡建设主管部门或者其他有关监督管理部门报告。

● 《建筑抗震设计规范》GB 50011—2010（2016 年版）

12.1.5 ……

2 隔震装置和消能部件的设置部位，应采取便于检查和替换的措施。

条文说明:

隔震支座、阻尼器和消能减震部件在长期使用过程中需要检查和维护。因此,其安装位置应便于维护人员接近和操作。

● 《建筑隔震设计标准》GB/T 51408—2021

5.1.2 ……

  3 隔震支座的设置部位除应按计算确定外,尚应考虑便于检查和替换。

5.7.1 隔震层应设置进人检查口,进人检查口的尺寸应便于人员进入,且符合运输隔震支座、连接部件及其他施工器械的规定。

条文说明:

隔震建筑在设计、施工、使用过程中,有可能出现影响隔震建筑在地震中正常发挥功能的状况,因此必须设置能够使人和设备进出进行检查的出入口。

5.7.2 隔震支座应留有便于观测和维修更换隔震支座的空间,宜设置必要的照明、通风等设施。

条文说明:

隔震建筑在设计、施工、使用过程中,有可能出现影响隔震建筑在地震中正常发挥功能的状况,需设置必要的设施便于进行检查和维护。

● 《建筑隔震工程施工及验收规范》JGJ 360—2015

8.2.1 隔震建筑工程竣工验收前,应提交由支座和阻尼器生产厂家、设计等单位编写的使用维护手册及维护管理计划;隔震建筑的维护检查可分为常规检查、定期检查、应急检查。

8.2.2 隔震建筑工程除对建筑常规维护项目进行检验、检查外,还应对隔震建筑特有的项目进行检验、检查。检查项目可包括支座、阻尼器、隔震缝、柔性连接;检查方法应按本规范第6章相关规定执行。

8.2.3 常规检查应每年进行一次,检查方式可采用观察方式。

8.2.4 定期检查为竣工后的3年、5年、10年,10年以后每10年进行一次。除支座的水平变形和竖向压缩变形应使用仪器测量外,其他项目均可通过观察方式进行检查。

8.2.5 当发生可能对隔震层相关构件及装置造成损伤的地震或火灾等灾害后,应及时应急检查。

● 《叠层橡胶支座隔震技术规程》CECS 126:2001

7.4.1 应制定和执行对隔震支座进行检查和维护的计划。

7.4.2 应定期观察隔震支座的变形及外观。

7.4.3 应经常检查是否存在可能限制上部结构位移的障碍物。

95

为什么隔震支座需考虑更换要求?

答：使用过程中，可能出现支座损伤及不能继续服役的情况（如震后损伤），需要更换支座，更换隔震垫应以施工全过程不影响上、下部结构的安全性，并保证更换过程中其余隔震支座能继续正常工作为准则。

对于隔震垫的设计，使用年限有不小于隔震建筑设计使用年限的要求，所以在隔震建筑设计使用年限内，如果没有特殊要求，一般情况下不需要更换隔震垫。但当发生地震、火灾等自然灾害，经应急检查，确实需要更换隔震支座时，须根据该隔震建筑设计编写的使用维护手册等信息，联系隔震支座厂家，与设计、施工一同制定更换方案。此外也存在其他一些特殊原因需要对安装的隔震支座进行复验，施工过程中要求更换隔震支座的情况。

隔震建筑的结构形式及布置千差万别，所采用的隔震支座产品也不尽相同，因此每一个需更换隔震支座的实施方案也不是唯一的，制定行之有效的更换方案是关键，替换时必须做好有效的临时支撑。目前更换隔震支座一般均采用千斤顶顶升技术实施更换（图 95-1）。

图 95-1　隔震支座更换实景

● 《建筑抗震设计规范》GB 50011—2010（2016 年版）

12.1.5 ······

　　2　隔震装置和消能部件的设置部位，应采取便于检查和替换的措施。

● **《建筑隔震设计标准》GB/T 51408—2021**

5.1.2 ……

    3 隔震支座的设置部位除应按计算确定外，尚应考虑便于检查和替换。

● **《叠层橡胶支座隔震技术规程》CECS 126：2001**

7.4.4 隔震层部件的改装、更换或加固，应在有经验的工程技术人员指导下进行。

☆ 设置检修孔时，应考虑后期可能出现更换的施工条件要求，运输路径须考虑隔震装置及施工器械运送最小尺寸要求。

96 隔震建筑的施工流程是什么？

答：隔震建筑的施工流程如图 96-1 所示（与常规非隔震建筑施工相同工序略去）。

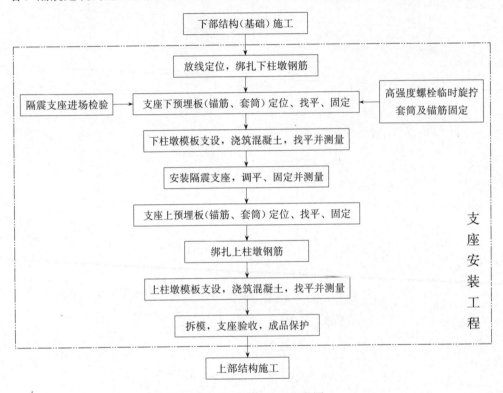

图 96-1　隔震建筑施工流程图

首先是施工前的隔震产品准备阶段，包含以下几个关键点：

1. 施工前设计单位应进行必要的技术交底；隔震支座及阻尼器厂家应组织对隔震支座和阻尼器及其他有关装置的专项说明和技术培训；

2. 施工单位应结合整个结构编制包含隔震层在内的专项施工组织及施工技术方案，须经审查批准报监理审批后方可实施；

3. 建设单位应组织产品生产厂家、施工单位及监理单位等相关人员进行隔震支座及阻尼器的安装进行专项说明和技术培训，并提交安装指导书和维护手册；

4. 施工前隔震产品（包括相关材料）须按现行国家标准进行进场验收，其中隔震支座和阻尼器必须进行复验，复验样品应经见证取样、送样，须完全合格方可使用；

5. 隔震支座及阻尼器进场时须提供产品的生产资质、原材料及连接件的检测报告、产品合格证、出厂检验报告、符合产品标准要求的型式检验报告，出具出厂检验和型式检验报告的检测单位资质及其他必要证明文件，缺少任何一条都应认定为不合格产品，不得使用。

以下为隔震层施工过程中的几个关键分项工程验收节点。

1. 支座安装（图 96-2～图 96-4）。

图 96-2 下支墩预埋件安装

图 96-3 隔震支架安装

图 96-4 上支墩预埋件安装

2. 阻尼器安装（如有）。

当隔震层设置阻尼器时，首先应进行进场检验，相关检验标准应符合《建筑消能阻尼器》JG/T 209—2012 的规定。阻尼器施工安装流程应符合《建筑消能减震技术规程》JGJ 297—2013 的相关规定。须注意阻尼器与铰接件之间销栓连接时，其间隙应满足设计文件要求，且不应大于 0.3mm。安装完成后须撤除所有临时固定件。

3. 机电管线柔性连接。

隔震层各类管线柔性连接的施工流程无特殊要求，需注意的问题前述问题已有详尽说明，此处不再累述。

4. 隔震缝。

隔震层施工过程应特别注意竖向及水平隔离缝的设置位置、尺寸要求，以及隔离缝的密封构造措施是否符合设计要求。隔震层施工完成后，全数检查所有隔离缝内及周边是否有影响隔震层发生水平位移的阻碍物，并及时清除。

上部结构施工时，需要考虑施工期间隔震层可能发生水平位移的情况，如地震、强风及施工荷载原因，可采取设置临时支撑的方式（图 96-5），若不设置临时约束构件，设计时应做验算，同时施工方案也应充分考虑。

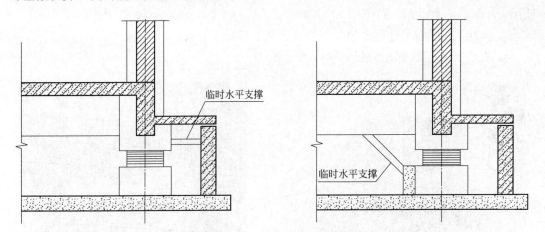

临时水平支撑

临时水平支撑

图 96-5　上支墩预埋件安装

　　此外，须注意几道验收工序：下支墩混凝土浇筑前，应进行隐蔽工程验收；在进行上部结构验收及竣工验收时，均应对隔离缝及柔性连接进行验收检查。

● **《建筑隔震工程施工及验收规范》JGJ 360—2015**

6.1.3　建筑隔震工程上部结构验收和竣工验收时，均应对隔震缝和柔性连接进行验收检查。

97 隔震支座安装需要注意什么?

隔震层施工的关键是安装隔震支座。隔震支座的精确安装是隔震结构发挥减震作用的先决条件,若隔震支座安装过程精度不够将直接导致整个结构的抗震性能受影响,所以应引起施工人员的足够重视。

隔震支座的安装必须是在隔震垫进场验收检验合格的前提下进行(《建筑隔震工程施工及验收规范》JGJ 3605—2015 第 5 章对相关环节的施工有具体要求)。安装下支墩(柱)的上部钢筋及抗剪键时,应尽量避免预埋钢筋与下支墩(柱)的钢筋发生打架;预埋套筒及锚筋的定位、固定是隔震支座安装的难点,建议采取以下措施。

1. 按图纸要求调整预埋板标高、平面位置、水平度。

根据偏差大小适时对套筒及锚筋进行调整:为方便控制预埋板的标高和平面中心位置,可采取预先在预埋板四个角部位对应的下支墩(柱)主筋上点焊短钢筋的方式,短钢筋顶标高为支墩(柱)设计标高,短钢筋直径不宜小于 10mm,与预埋板接触一端断面宜先用切割机切割平面,如图 97-1 所示。

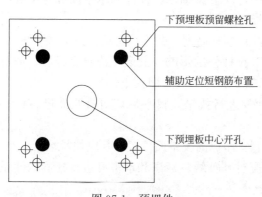

图 97-1 预埋件

2. 为保证预埋板的水平度、标高和平面位置的准确性及预埋套筒的垂直度,预埋件定位准确后可根据实际情况将锚筋与支墩钢筋点焊连接,以确保锚筋和预埋板在接下来的施工过程中不产生偏移。

3. 预埋件安装完成后应用全站仪或水准仪(含水准尺)逐一测量预埋板顶面标高、平面中心位置及水平度并记录成表。

之后安装下支墩侧模,侧模高度略高于支墩(柱)顶面高度,并在侧模上用水准仪标定出支墩(柱)顶面设计标高的位置,方便浇筑混凝土时控制支墩标高。侧模的刚度要满足新浇筑混凝土的侧压力施工荷载的要求,必要时可加密柱箍筋,模板要拼缝严密、底部固定牢靠,并保证其垂直状态,确定模板加固牢固可靠后方可浇筑混凝土,浇筑时要尽量减少泵管对预埋件的影响,避免产生冲击。浇筑过程应防止轴线、标高及平整度因人为操作原因产生偏差,影响安装质量。如发现预埋件定位发生偏移应立即停止浇筑混凝土,在对预埋件进行重新定位后方可继续浇筑混凝土。当采用二次灌浆或二次浇筑时,混凝土浇筑振捣孔位置必须处理平整,不允许有高低不平整。

　　隔震支座安装前应先清理干净下支墩（柱）上表面，为避免砂浆、混凝土等杂物进入套筒孔内，同时要对支墩顶面的水平度、中心位置、标高进行复测，确保满足规范要求后才可以安装隔震支座。清理完毕后先取下螺栓，核对图纸，确认每一支墩（柱）上的隔震支座直径、支座类别，再根据现场条件采用汽车式起重机或塔式起重机将隔震支座吊至准确位置，吊装时应避免损坏支座和下支墩混凝土。待隔震支座下法兰板螺栓孔位与预埋钢套筒孔位对正后，将螺栓对称拧紧入套筒。

　　隔震支座施工中和安装完成后，应对隔震支座加强成品保护，做好隔离密封，做到防水、防油、防污染、防碰撞、防火、防人为损坏。

　　建筑施工完毕并投入使用后，尚需进行维护，一方面定期对隔震支座及其他相关设施进行检查，另一方面在建筑周围要设置标识，防止人为设置的障碍物妨碍隔震建筑在地震时发挥有效作用。

● 《建筑隔震工程施工及验收规范》 JGJ 360—2015

5.1.1　建筑隔震工程施工所采用的各类器具，均应经校准或检定合格，且应在有效期内使用。

5.1.2　支座安装应在上道工序交接检验合格后进行施工；支座安装工程施工经质检验收合格后，方可进行后续工程施工。相关施工要求应符合下列规定：

　　1　支座的支墩（柱）与承台或底板宜分开施工，承台或底板混凝土应振捣平整；

　　2　承台、底板混凝土初凝前，应进行测量定位，绑扎支墩（柱）的钢筋及周边钢筋，应预留预埋锚筋或锚杆、套筒的位置；

　　3　下支墩（柱）上的连接板在安装过程中，应对其轴线、标高和水平度进行精确的测量定位，并应用连接螺栓对螺栓孔进行临时旋拧封闭；

　　4　安装下支墩（柱）侧模，应用水准仪测定模板高度，并应在模板上弹出水平线；

　　5　浇筑下支墩（柱）混凝土时，应减少对预埋件的影响；混凝土浇筑完毕后，应对支座中心的平面位置和标高进行复测并记录，若有移动，应立即校正；

　　6　模板拆除后，应采用同强度的水泥砂浆进行找平，找平后应对砂浆面进行标高复核；

　　7　安装支座时，应用全站仪或水准仪复测支座标高及平面位置，并应拧紧螺栓；

　　8　上支墩（柱）连接件在安装过程中，应对其轴线、标高和水平度进行精确的测量定位。

5.2.3　支座相邻上部结构施工应符合下列规定：

　　1　支座安装验收合格后，方可进行后续工程施工；

　　2　支座上连接板安装后，将锚定螺栓就位，应校核其位置、高程等，并应保留记录；

　　3　支座安装后应立即采取保护措施，后续施工过程中不得污染、损伤；

　　4　支座上部相邻结构的模板和混凝土工程施工时，应对隔震层采取临时固定措施，不应发生水平位移；

　　5　对单层面积较大或长度超过 100m 的支座相邻上部混凝土结构、大跨度的钢结构或设计有特殊要求的，应制定专项施工方案，不应产生过大的温度变形和混凝土干缩变形；

6　当支座相邻上部结构为钢结构和钢骨结构时，应对全部支座采取临时固定措施；

7　在支座相邻上部结构施工过程中，应定期观测支座竖向变形，并应保留相应记录。

● **《叠层橡胶支座隔震技术规程》CECS 126：2001**

7.1　施工安装

7.1.1　支承隔震支座的支墩（或柱），其顶面水平度误差不宜大于5‰；在隔震支座安装后，隔震支座顶面的水平度误差不宜大于8‰。

7.1.2　隔震支座中心的标高与设计标高的偏差不应大于5.0mm。

7.1.3　隔震支座中心的标高与设计标高的偏差不应大于5.0mm。

7.1.4　同一支墩上多个隔震支座之间的顶面高差不宜大于5.0mm。

7.1.6　在隔震支座安装阶段，应对支墩（或柱）顶面、隔震支座顶面的水平度、隔震支座中心的平面位置和标高进行观测并记录。

☆　因隔震支座下预埋钢板在安装过程中的水平度很难控制，故需要考虑安装调平螺栓（不考虑其受力），能够方便快捷地对制作小预埋钢板进行调节，以减少实际安装的偏差，满足计算假定。

98 | 隔震建筑应设置哪些标识？

答：首先应明示该建筑为采用隔震技术的项目铭牌，包括在隔震装置、隔离沟、隔离缝及隔震层的检查维修出入口等处设置明显标识；对采用隔震技术改造、加固的项目，工程验收合格后，尚应公示改造加固时间、后续使用年限等信息。

为保证隔震建筑的各组件在使用期内能够正常发挥作用，需在上述位置明示相关组件的信息。因为并非人人都了解隔震建筑及其工作原理，隔震建筑及周围活动的人群必须可以清晰明了地知晓隔震装置、隔离沟、隔离缝、检修口等的具体位置及注意事项，必要时可包括隔震的基本原理，并加以有效管理。

隔离沟、隔离缝必须能够保证隔震支座在隔震建筑遭受罕遇地震作用时，能够无障碍地发生变形。所以必须保证这些"空间"畅通无阻。若隔离沟、隔离缝内被物体填充，将会在地震时影响甚至是阻碍隔震支座发生变形，或对建筑产生不可预知的破坏力，从而无法达到预期隔震效果。

● 《建设工程抗震管理条例》国务院令第 744 号

第二十三条 建设工程所有权人应当按照规定对建设工程抗震构件、隔震沟、隔震缝、隔震减震装置及隔震标识进行检查、修缮和维护，及时排除安全隐患。

任何单位和个人不得擅自变动、损坏或者拆除建设工程抗震构件、隔震沟、隔震缝、隔震减震装置及隔震标识。

任何单位和个人发现擅自变动、损坏或者拆除建设工程抗震构件、隔震沟、隔震缝、隔震减震装置及隔震标识的行为，有权予以制止，并向住房和城乡建设主管部门或者其他有关监督管理部门报告。

● 《建筑隔震设计标准》GB/T 51408—2021

5.7.3 隔震建筑应设置标识，标识内容应包括隔震装置的型号、规格及维护要求，以及隔离缝的检查和维护要求。

条文说明：

隔震建筑的标识应醒目，标识内容应简单明了，标识设置宜统一，并具有警示作用。隔震建筑标识应注明隔震产品的型号、规格以及功能、特性等，并简要描述其特殊使用要求。水平隔离缝处的标识应注明严禁在此地堆放物体及杂物，以及地震时不要在此处逗留等内容，楼梯隔离缝处的标识应注明当地震来临时在隔离缝处的楼梯会发生滑动，勿在滑动范围内堆放能阻止楼梯滑动的物体，且提醒行人在地震来临时注意。在建筑物周围的竖向隔离缝处的标识应注明地震时建筑将在该范围内移动，禁止往隔震沟倾倒垃圾、堆放杂物等，并且周围停放物应该和建筑物保持一定的避让距离，避免地震时发生碰撞。

● **《建筑隔震工程施工及验收规范》JGJ 360—2015**

8.1.1　隔震建筑应设置标识，并应标明其功能特殊性、使用及维护注意事项。

8.1.2　隔震建筑的标识设置范围和内容应符合下列规定：

　　1　门厅入口处应标明隔震建筑，并应简单阐述隔震原理、房屋使用者注意问题，同时给出主要建筑结构平面图、剖面图、隔震层布置图、隔震缝布置图以及隔震产品描述等；

　　2　水平隔离缝处应标明此处为上部结构与下部结构完全分开的水平缝；

　　3　建筑物周围的竖向隔离缝（又称隔震沟）处应标明地震时此处为建筑物的移动空间，并应在其范围内设置标线或警示线。

☆　云南省工程建设地方标准《建筑隔震工程专用标识技术规程》DB53T-70—2015 给出了隔震工程主标识的图标示例如图 98-1 所示。

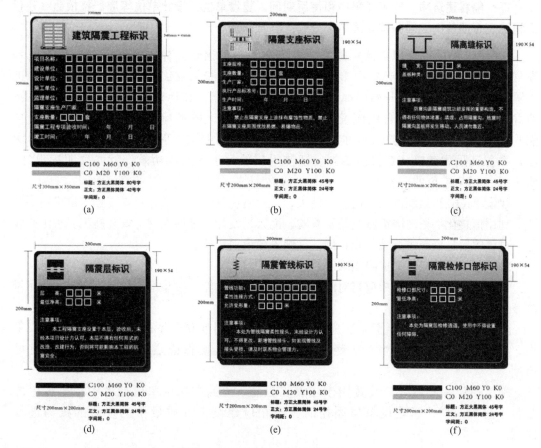

图 98-1　隔震工程主标识图标示例

（a）建筑隔震工程主标识；（b）隔震支座标识；（c）隔震缝标识；
（d）隔震层标识；（e）隔震管线标识；（f）隔震检修口部标识

99

隔震建筑项目实施过程中和使用期间，对建设单位、设计单位等各有什么要求？

答：隔震建筑项目实施过程中和使用期间，建设单位、设计单位等应严格依照《建设工程抗震管理条例》国务院令第744号履行各自职责。

《建设工程抗震管理条例》国务院令第744号的出台，体现了国家对于隔震技术发展的重视，隔震技术必然向多样化、实用化和精细化发展。在政策的鼓励下，进入隔震产品行业的企业开始增加，逐步向开发高性能、高稳定性隔震装置方向发展。但并非所有企业都具备自主研发的能力，产品质量、技术标准有待规范化管理。从隔震建筑的理论体系、产品性能，到施工技术、使用维护等尚未达到全民科普的深度，要保证隔震建筑从建设伊始到后期使用年限内正常发挥功效，就必须明确设计、施工等各相关单位的职责。

建设单位应当组织勘察、设计、施工、工程监理单位建立隔震减震工程质量可追溯制度，利用信息化手段对隔震减震装置采购、勘察、设计、进场检测、安装施工、竣工验收等全过程的信息资料进行采集和存储，并纳入建设项目档案。

总承包单位应自行完成隔震减震装置的施工。

设计单位在设计文件中应当对隔震减震装置技术性能、检验检测、施工安装和使用维护等提出明确要求。

隔震减震装置生产经营企业应当建立唯一编码制度和产品检验合格印鉴制度，采集、存储隔震减震装置生产、经营、检测等信息，确保隔震减震装置质量信息可追溯。

施工单位在隔震减震装置用于建设工程前，应当在建设单位或者工程监理单位监督下进行取样，送建设单位委托的具有相应建设工程质量检测资质的机构进行检测。

工程质量检测机构应当建立建设工程过程数据和结果数据、检测影像资料及检测报告记录与留存制度，对检测数据和检测报告的真实性、准确性负责，不得出具虚假的检测数据和检测报告。

建设工程所有权人应当按照规定对建设工程抗震构件、隔震沟、隔震缝、隔震减震装置及隔震标识进行检查、修缮和维护，及时排除安全隐患。

　　任何单位和个人不得擅自变动、损坏或者拆除建设工程抗震构件、隔震沟、隔震缝、隔震减震装置及隔震标识。

　　任何单位和个人发现擅自变动、损坏或者拆除建设工程抗震构件、隔震沟、隔震缝、隔震减震装置及隔震标识的行为，有权予以制止，并向住房和城乡建设主管部门或者其他有关监督管理部门报告。

100 | 可以对真实的隔震建筑进行模拟抗震试验吗?

答:可以。

传统的建筑主体抗震实验通常在实验室采用缩尺模型实现。2012年5月12日,云南省设计院与云南省地震工程研究院投资400多万元进行了我国第一次高层隔震建筑实体原位动力实验[100-1]。这栋崭新的大楼是云南省设计院的办公大楼,为高层钢框架结构。建筑总高度47.4m,建筑平面尺寸约为46.9m×30.7m,地上14层(局部15层),地下1层,建筑面积2万多平方米。地下室顶设置隔震层(图100-1),层高2.6m。地震实验在地下一层进行,此次实验是把一个7度(相当于建筑物遭受5级地震)的地震波,通过一个装置作动器(图100-2)传到建筑物上,作动器最大输出力300t,行程±600mm,液压加载器(千斤顶)通过电液伺服系统的控制液压油输入,模拟各种荷载工况作用与结构,能够较为真实地模拟水平地震作用。整栋建筑共安装了24个隔震垫,每个重1~1.5t。10d时间里,这栋隔震建筑累计进行了上百次试验,其中模拟了2008年512汶川地震、2011年日本3.11地震等实际强震记录作为地震动力输入,采集了上千份数据。

图100-1 云南省设计院办公楼隔震层

图100-2 伺服作动器

整个试验工况分为6大部分,每个部分下含有多个子工况。6大部分工况主要包括:

1. 结构初始自振特性测试;
2. 多振幅自由衰减振动试验;
3. 多振幅正弦共振激励加载试验;
4. 地震模拟激振试验;

5. 正弦扫频激振试验；

6. 试验后结构自振特性测试。

试验采用了 32 台三分量强震仪、59 个位移传感器、30 套隔震支座相对位移计（百分表）、若干应变测量应变片，还配置了风速仪、温度记录等（图 100-3、图 100-4）。实验过程中，采集了动力荷载下各竖向构件的位移、加速度及关键构件的应变。

图 100-3　三分量强震仪

图 100-4　应变测量

试验过程中，楼内并没有明显的晃动，隔震垫在"地震波"的作用下发生了轻微的扭曲，支撑柱有规律地缓慢平动。隔震后上部结构的水平地震作用减少为原来的 81%；罕遇地震下，各个支座均未出现拉应力，隔震层位移满足规范要求，并以期获得以下试验成果：

1. 获得隔震结构的实际基本自振周期，进而分析得到隔震层实际初始刚度、屈服后刚度以及相应阻尼；

2. 分析隔震层在模拟地震动下沿两个主轴方向的水平加速度、位移反应以及可能的结构扭转振动反应；

3. 关键构件关键部位应变反应测点数据分析，获得结构关键构件位置的强迫振动反应和自由衰减振动反应。

实验取得了圆满成功。这次实验是对现有抗震、隔震设计理论的深入研究和检验，为隔震技术的推广应用提供了坚实的科技支撑，起到直观且深刻的示范作用。

参考文献：

[100-1] 高层隔震建筑实体原位动力实验 [J]. 建筑设计管理，2012，v.29；No.185（07）：10-11＋30.

后记

现代建筑隔震技术，通过在独立的隔震层中设置隔震装置，"以柔克刚"，大大减少上部结构地震能量的输入，是现代抗震设防技术的重大突破。

国际上新西兰、美国、日本等国家自 20 世纪 70 年代开始研发实用化的隔震装置并推广应用。我国也在 20 世纪 80 年代中后期，以国家自然基金和"八五"攻关计划项目为标志，开始系统投入研发建筑隔震技术。于 20 世纪 90 年代中期，分别在新疆独山子进行了摩擦隔震试点工程，在河南安阳、四川西昌进行了国产橡胶隔震支座的试点工程，引起国内工程界的关注。

21 世纪初，随着以橡胶隔震支座为代表的隔震产品标准、设计规范颁布实施，国内隔震技术进入规模推广应用阶段。汶川地震（2008）后，尤其是芦山地震（2013）后，隔震技术的优越性得到普遍认可，建筑隔震技术进入了加速发展阶段。当前我国的隔震建筑已达数万栋之多，其应用规模高居世界首位。随着《建设工程抗震管理条例》国务院令第 744 号的实施，我国建筑隔震技术的应用必将进入新的高速发展期。

作者张忠是 2009 年中日政府合作"中日建筑抗震技术人员"项目派出赴日研修的新疆工程抗震技术杰出代表之一，对国际隔震技术的发展应用也非常了解。作者多年在建筑工程设计一线从事隔震技术的推广应用工作，负责多项大型公建、医院、学校、高层住宅等隔震工程的设计、验收与质量检查等，具有十分丰富的工程经验。本书内容主要针对建筑隔震工程设计实施中的热点、难点问题，结合相关隔震设计规范和较成熟的实践成果，进行了系统分析和解答。

本书对广大工程技术人员具有很好的指导作用，也可供从事相关研究工作的人士参考。

曾德民

2022 年 5 月于北京